国家自然科学基金项目（51674265）

深部软岩大变形控制理论与技术

杨 军 郭志飚 胡永光 齐 干 任爱武 著

科学出版社

北 京

内 容 简 介

书中采用软岩非线性大变形理论，结合工程地质学和现代大变形力学的方法，对深部软岩大变形破坏进行综合研究，确定复合型变形力学机制，提出稳定性控制原则和支护对策。通过理论和数值模拟分析，研究深部软岩锚网索-桁架耦合支护原理和支护体与围岩间的相互作用关系。根据非线性大变形设计理论，结合耦合支护的相关理论，详细分析和总结锚网索-桁架耦合支护技术设计内容。

本书可供从事采矿工程专业的科研人员及高等院校相关专业师生阅读参考。

图书在版编目（CIP）数据

深部软岩大变形控制理论与技术 / 杨军等著. —北京：科学出版社，2019.11

ISBN 978-7-03-062539-7

Ⅰ.①深… Ⅱ.①杨… Ⅲ.①软岩巷道-巷道围岩-围岩稳定性-研究 Ⅳ.①TD263

中国版本图书馆CIP数据核字（2019）第229448号

责任编辑：李 雪 / 责任校对：王萌萌
责任印制：吴兆东 / 封面设计：无极书装

科 学 出 版 社 出版
北京东黄城根北街 16 号
邮政编码：100717
http://www.sciencep.com

北京厚诚则铭印刷科技有限公司 印刷
科学出版社发行 各地新华书店经销

*

2019 年 11 月第 一 版 开本：720×1000 1/16
2019 年 11 月第一次印刷 印张：11 1/4
字数：227 000
定价：98.00 元
（如有印装质量问题，我社负责调换）

前　言

随着煤炭需求的不断增加，国内外矿山开采的深度也逐渐加深，相继进入深部开采阶段。深部岩体由于其所处的复杂地球物理环境，在"三高一扰动"(即高地应力、高地温、高岩溶水压和强烈的开采扰动)的影响下，其结构特征和力学特性明显不同于浅部岩体，浅部工程中表现为硬岩特性的岩体进入深部后表现为软岩的非线性大变形力学特征，使原来应用于浅部的理论和支护方法已完全不适用，对深部煤炭资源的可持续开采提出了严峻的挑战。对于深部软岩矿井，由于地层岩石成岩作用差、时期短、岩石强度低，其问题更加复杂，对其稳定性控制及支护对策的研究更为重要。因此，深入研究深部软岩岩体特性及围岩稳定性，掌握深部软岩围岩的变形破坏机理，找出深部软岩工程的支护对策，对有效控制围岩的变形与破坏具有重要的理论指导意义和现实意义。

本书以软岩非线性大变形理论为指导思想，综合运用工程地质学、工程岩体力学、软岩工程力学和数值计算方法等理论知识，通过现场工程调查和室内试验等手段，对深部软岩工程变形破坏原因进行分析，并提出稳定性控制原则和对策。

山东龙口矿区柳海矿曾是我国最深(埋深 500m)、破坏最严重(已施工巷道基本全部破坏)、膨胀性矿物含量最高(蒙脱石相对含量最高达 96%)的软岩矿井。柳海矿几乎尝试了所有的国内曾经使用过的支护方法和手段，但都以失败告终，支护难度非常大。本书的出版为深部软岩支护提供了一套治理的对策与方案。

作者在何满潮院士的指导下参与了该项目的现场科研工作，并以何满潮院士软岩支护理论为基础对深部软岩大变形控制理论与实践研究成果进行了总结。

本书的编写，参阅了大量国内外有关工程地质、力学理论、数值模拟等方面的专业文献，在此谨向文献的作者们表示感谢。同时，感谢曾参与柳海矿科研工作的孙晓明教授、胡江春教授、刘成禹教授、王树仁教授、李乾硕士、蔡建硕士等，硕士研究生周开放、魏庆龙、刘斌慧、付强、王宏宇、程昱参与了部分章节的整理工作，对本书做出了一定的贡献；本书的理论研究得到了国家自然科学基金项目(51674265)的资助，在此一并表示衷心的感谢。

由于作者水平有限，书中疏漏和不足之处，衷心希望读者批评指正、提出宝贵意见。

作　者
2019 年 1 月

目　　录

第1章 绪 论

　　能源的合理开发和利用已成为国内外越来越重要的问题，能源的优先发展战略越来越受到各国重视。经过改革开放 40 多年的发展，我国已经成为世界上最大的能源生产国和能源消费国，2018 年的一次能源生产总量和一次能源消费总量位于世界第一位。随着我国经济的快速发展，一次能源生产量和消费量将继续增加。因此，对于我国这样一个人口数量占世界总数的 1/5 左右，人均能源消费量仅占世界平均水平 1/2 的发展中国家来说，能源问题的重要性尤为突出(何满潮和钱七虎，2010；何满潮，2014)。

　　我国是世界最大的煤炭生产国与消费国。《BP 世界能源统计年鉴(2018)》数据显示，2017 年全球煤炭总产量约 3768.6 百万 t 油当量，其中我国煤炭产量 1747.2 百万 t 油当量，占全球煤炭总产量的 46.4%。2017 年全球煤炭消费总量约 3731.5 百万 t 油当量，其中我国消费量约 1892.6 百万 t 油当量，占全球煤炭消费总量的 50.7%(张玉卓，1998)。

　　煤炭是我国的支柱能源(谢和平，2017)。《中国矿产资源报告(2018)》数据显示，2017 年我国一次能源消费总量为 44.9 亿 t 标准煤，能源消费结构中煤炭占 60.4%，石油占 18.8%，天然气等能源占 20.8%。2017 年中国石油产量居世界第七位，为 1.92 亿 t，消费量为 5.96 亿 t，对外依存度达 67.8%；2017 年中国天然气产量居世界第六位，为 1474.2 亿 m³，消费量为 2404.4 亿 m³，对外依存度达 38.7%。然而，在当前世界能源格局复杂多元的背景下，我国想要长期依赖大规模进口油气将面临严峻的问题，而新能源和可再生能源虽增长迅速，但由于其产业基数小，大规模产业化尚需较长时间，短时期内难以完全取代化石能源。因此，预计在未来很长一段时间内，煤炭在我国能源消费结构中仍占主导地位。

　　我国煤炭可采资源储量有限。《中国矿产资源报告(2018)》数据显示，截至 2017 年底，我国已探明煤炭地质储量约 16666.7 亿 t，但已查明可采资源储量只有 1145 亿 t，人均可采资源储量约为 81.8 亿 t，按照目前我国约 35 亿 t 的年产量估算，已有储量仅供开采 33 年。同时，我国煤炭资源大多集中在深部，其中 1000m 以下深部资源的比例超过 50%，1000m 深度范围以内煤炭资源一半以上已开采完毕。

　　由于长期开采，浅部资源日益枯竭，不得不转入深部开采。淮南、峰峰、开滦、陕北等老矿区的部分矿井开采深度已经超过 1000m，如淮南矿区朱集矿开采深度为 1020m，开滦矿区唐山矿开采深度为 1150m，峰峰矿区磁西矿开采深度达到了 1200m，德国、英国、美国、南非等地区的一些矿井甚至开采深度达到了 1500m

以上。目前，我国煤矿开采深度以 8～12m/a 的速度增加，东部矿井开采深度以
10～25m/a 的速度发展，预计在未来 20 年，我国很多煤矿将进入 1000～1500m 的
开采深度(谢和平，2002；姜耀东等，2004；康红普等，2015；王炯等，2015)。
我国国有重点煤矿平均采深变化趋势如图 1-1 所示。

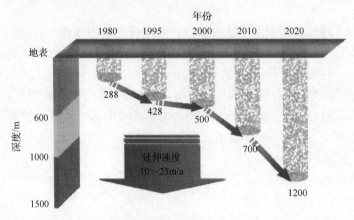

图 1-1　我国国有重点煤矿平均采深变化趋势

　　开采深度的不断增加，地质环境不断恶化、地应力增大、破碎岩体增多、涌
水量加大、地温升高，导致作业环境恶化、巷道维护困难、地质灾害增多、成本
提高、安全难以保证等一系列问题，为深部资源的开采提出了严峻的挑战(Diering，
1997；解世俊等，1998；Vogel and Andrast，2000)。在深部开采条件下，采掘过
程中的地质灾害事故，如岩爆、巷道及采场大面积冒顶、垮塌等的表现形式和频
度与浅部开采具有十分明显的区别(Cichowicz et al.，2000)。煤矿的开采实践说明，
在浅部表现为普通坚硬的岩石，在深部可能表现出软岩的特征，如大变形、大地
压、难支护等(何满潮，1996)；浅部的原岩体大多处于弹性应力状态，而进入深
部以后则可能处于"潜塑性"状态，即由各向不等压的原岩应力引起的压、剪应
力超过岩石的强度，造成岩石的潜在破坏状态。因此，深入研究深部工程围岩特
征，掌握深部围岩的变形破坏机理，以有效地控制围岩的变形与破坏，适应 21
世纪深部软岩工程发展需要，具有重要的理论指导意义和现实意义。

　　深部岩体处于"三高一扰动"的复杂环境，使深部岩体表现出的力学特性与
浅部开采时表现出的力学特性往往具有很大的差异，在浅部开采基础上发展起来
的传统支护理论、设计方法及技术已难以适应深部巷道支护设计及实际的需要(何
满潮等，1993，2002a，2002b，2006；吴爱祥等，2001；钱七虎，2004；谢和平，
2006)。尽管国内外专家学者先后对此进行了不少研究和有益探索，但在以往深部
开采地压控制研究中，主要侧重于对硬岩冲击地压的理论及其控制技术研究
(Malan and Spottiswoode，1997；Malan and Basson，1998；Wang and Park，2001；

蔡美峰等，2001)，对深部软岩工程岩体力学特性、巷道围岩稳定性控制等方面的研究不够。因此，深入研究深部软岩岩体特性及围岩稳定性，掌握深部软岩围岩的变形破坏机理，找出深部软岩工程的支护对策，对有效控制围岩的变形与破坏具有重要的理论指导意义和现实意义(李立功，2014)。

　　目前，深井支护也面临着上述问题，并且由于其工程地质条件更加复杂，支护难度更大，龙口矿区柳海矿是我国最深(埋深 500m)、破坏最严重(已施工巷道基本全部破坏)、膨胀性矿物含量最高(蒙脱石相对含量高达 96%)的软岩矿井。柳海矿尝试了几乎所有的国内曾经使用过的支护方法和手段，但都以失败告终，使柳海矿深部软岩支护成为最大的难题。基于上述原因，本书以龙口矿区柳海矿深部软岩工程为试验工程，通过对深部软岩工程破坏特征及原因的研究，分析深部软岩工程的岩体特性及围岩稳定性，研究深部软岩的围岩变形力学机制，提出围岩稳定性控制对策及设计方法。

1.1　深部软岩工程发展概况

1.1.1　国内外深部工程

　　据统计，在国外煤矿矿井开采深度增长速度为 8～16m/a，平均增长速度为 10m/a(图 1-2)。煤矿开采深度最大的德国，平均采深已超过 900m，超过 1000m 的工作面占 20%，最大开采深度已达 1500m。在俄罗斯，仅顿巴斯矿区就有 30 个矿井的采深达到 1200～1350m。波兰的煤矿开采深度已达 1200m，日本和英国的煤矿开采深度已分别达到 1125m 和 1100m，此外，比利时等国的开采深度也已达

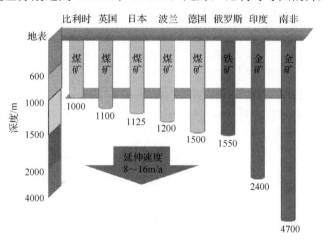

图 1-2　国外深部工程开采现状

1000m 以上。在金属矿山领域,也有很多矿井进入深部开拓及开采。据统计,国外开采深度超过 1000m 的金属矿山已达 80 多座,其中不少深部开采的矿井已进入 3000m 以下,南非的金矿开采最具有代表性,绝大多数金矿的开采深度大都在 2000m 以下,目前最深的南非卡勒顿维累(Carlrtonville)金矿田的 Western Deep Level 金矿,勘探深度达 4000m 以下(Johnson and Schweitzer, 1996;王志方,1997;Diering, 2000;唐宝庆和曹平,2001;谢和平,2006)。德国、波兰、俄罗斯、英国、日本、比利时等国家的最大煤矿开采深度早在 20 世纪 90 年代就已超过 1000m,逼近 2000m 水平(Schweitzer and Johnson,1997)。

21 世纪是“地下空间”的世纪。近年来,国内外各类地下工程都在逐步向深部延伸,不断刷新着深度记录。中国金属矿山的开采深度也在不断深入,其中云南会泽铅锌矿、吉林夹皮沟金矿和辽宁红透山铜矿的开采深度分别达到了 1500m、1400m 和 1300m。2004 年,中国千米深井仅有 8 座,2015 年,中国千米深井已达 80 余座。就煤矿而言,中国 1000m 以深的煤炭资源量占已探明煤炭资源总量的 53%,而煤炭开采深度以 10~25m/a 的速度延伸;目前全国煤矿千米深井约 47 座,平均采深 1086m,如江苏徐州矿务集团的张小楼矿(1100m)、河北唐山开滦集团的赵各庄矿(1159m)、京煤集团的门头沟矿(1008m),最深的为山东省新泰市新汶矿业集团的孙村煤矿(1501m)。

随着社会的发展和资源开发的日益加强,矿井的开采深度不断增大。由于近年来的大规模开采,一些地区的浅部煤炭资源已近枯竭,因此,发挥中东部老矿井作用,挖掘深部资源潜力,对于缓解我国煤炭资源分布不均,解决局部地区能源供需矛盾具有重要的现实意义。在我国煤炭开采技术和装备快速发展的背景下,开采强度不断提高,开采水平不断延伸,目前国内许多大型矿区的开采或开拓延伸深度均已超过 800m,其中,江苏、山东、河南、河北、黑龙江等省多个大型煤矿的采深超过 1000m。随着开采深度的日益增大,深部矿井的数量不断增多,未来 10 年之内,我国多地煤矿将全面进入深部开采阶段(何满潮和李春华,2002;景海河,2002;蓝航等,2016;李鹏等,2017)。

随着经济的发展,国内外深埋公路、铁路隧道也得到了迅猛的发展(黄润秋和王贤能,1998;Butcher, 1999;Egger, 2000;Pellet et al.,2000)。世界上埋深最大的隧道是法国和意大利边境的勃朗峰隧道,长 11.60km,最大埋深 2480m。我国 20 世纪 60 年代修建的成昆铁路沙木拉达隧道长 6.383km,最大埋深 600m;80 年代修建的京广铁路衡广复线大瑶山隧道长 14.295km,最大埋深 910m;90 年代修建的西康铁路秦岭隧道长 18.46km,最大埋深 1600m,建成后是当时我国最长的铁路隧道。目前,我国高速公路中最长的隧道是秦岭终南山公路隧道,这是我国自行设计施工的世界最长的双洞单向公路隧道,全隧道单洞长 18.02km,双洞总长 36.04km。此外,随着我国西南、西北地区水利建设的发展,深埋引水隧洞工程的修建将越来越多。目前,我国在水利水电建设中,已建成长度在 2000m 以上的隧洞近 30 座,大于 10000m 的大型隧洞有 11 座。其中渔子溪一级水电站引水隧洞长 8610m,冯家山灌区引水隧洞长达 12600m,引滦入津工程的输水隧洞全长为 11380m,引黄入晋总干渠上最长的隧洞单洞长 54.85km,二滩水电站导流洞断面为 17.5m×23m,断面面积为 402.5m²,三峡水利枢纽地下厂房尾水洞断面为 24m×36m,其断面面积达 864m²。

1.1.2 国内外深部工程稳定性控制

深部工程稳定性控制及支护仍然采用浅部或其他深部工程的理论和方法,至今仍没有一种完全依据深部软岩工程特点和现场工程实际进行研究,并提出的一套适合的稳定性控制方法和支护技术。本节将对前人在深部工程稳定性控制对策及支护现状的研究成果进行总结,并分析其中存在的问题,为解决深部软岩稳定性控制和支护问题提供条件和依据。

在围岩稳定性控制方面,20 世纪初发展起来的以海姆、朗金和金尼克理论为代表的古典压力理论认为,作用在支护结构上的压力是其上覆岩层的重量 (Franzén,1992)。随着开挖深度的增加,人们发现古典压力理论许多方面都有不符合实际之处,于是,坍落拱理论应运而生,其代表有太沙基和普氏理论 (Cichowicz et al.,2000)。坍落拱理论的最大贡献是提出巷道围岩具有自承能力。20 世纪 50 年代以来,人们开始用弹塑性力学来解决巷道支护问题,其中最著名的是芬纳公式(郑颖人,1988)和卡斯特纳公式(高磊,1987)。60 年代,奥地利工程师 L. V. Rabcewicz 在总结前人经验的基础上,提出了被简称为新奥法(New Austrian Tunneling Method,NATM)的隧道设计施工方法(韩瑞庚,1987),目前已成为地下工程的主要设计施工方法之一。1978 年,米勒教授比较全面地论述了新奥法的基本指导思想和主要原则,并将其概括为 22 条。20 世纪 70 年代,萨拉蒙等又提出了能量支护理论(郑颖人,1988),该理论主张利用支护结构的特点。支护结构具有自动释放多余能量的功能,支护结构与围岩相互作用、共同变形,在变形过程中,围岩释放一部分能量,支护结构吸收一部分能量,但总能量不变化。因而,能量支护理论主张利用支护结构的特点,使支架自动调整围岩释放的能量和支护体吸收的能量。

以上述理论为基础,日本学者山地宏和樱井春辅提出了围岩支护的应变控制理论(郑颖人,1988)。该理论认为,隧道围岩的应变随支护结构的增加而减小,而容许应变则随支护结构的增加而增大。因此,通过增加支护结构,能较容易地将围岩应变控制在容许应变的范围之内,支护结构的设计是在由工程测量结果确定了对应于应变的支护工程的感应系数后确定的。

在我国,国内地下工程围岩破坏及支护理论的研究起步较晚,20 世纪 60 年代，著名岩土工程专家陈宗基(1963，1982)从大量工程实践中总结出岩性转化理论，认为同种矿物成分及同样的结构形态，在不同的地球物理环境下，会产生完全不同的应力和应变，从而形成不同的本构关系。坚硬的花岗岩在高温高压工程条件下也会产生流变和扩容等现象。陈宗基指出岩块的各种测试结果与工程岩体的各种参数不是同一概念，在工程设计时应该有明显的区分，强调岩体的非均质性和非连续性(Konduri，1996；孟庆彬等，2010，2017)。岩体在工程条件下形成的本构关系与在实验室条件下得到的本构关系不一致，绝非简单的弹塑性、弹黏塑性等的单一变形理论特征，而是两种或多种变形特征通过不同方式融合在一起的非常复杂的变形理论特征。

随着我国经济的发展，煤矿、隧道等地下工程得到了极大的发展，也带动了与之相关的围岩支护及相关理论的发展。

于学馥和乔端(1981)提出了"轴变论"理论，认为巷道坍落可以自行稳定，可以用弹性理论进行分析，围岩破坏是由于应力超过岩体强度极限引起的，坍落是改变巷道轴比，导致应力重分布，应力重分布的特点是高应力下降，低应力上升，并向无拉力和均匀分布发展，直到稳定而停止。应力均匀分布的轴比是巷道最稳定的轴比，其形状为椭圆形。于学馥(1993)、于学馥等(1995)提出了开挖系统控制理论，认为开挖扰动破坏了岩体的平衡，这个不平衡系统具有自组织功能。

冯豫(1990)、陆家梁(1990)、郑雨天(1985)提出应力控制理论，其基本原理是通过一定的技术手段来改变部分围岩的物理力学性质，降低支承压力区围岩的承载能力，使支承压力向围岩深部转移，以此来提高围岩的稳定性(孙广忠，1989；段克信，1995；李庶林和桑玉发，1997；马春德，2010；Wang et al.，2012；杨晓杰等，2015)。

董方庭(1997)提出了松动圈理论，认为松动圈越大，收敛变形越大，支护难度就越大，支护的目的在于防止围岩松动圈发展过程中的有害变形。方祖烈(1999)提出了主次承载区支护理论，认为巷道开挖后，在围岩中形成拉压域，主、次承载区的协调作用决定巷道的最终稳定。

长期以来，深部软岩围岩的稳定性控制问题一直沿用连续介质强度理论，以局部破坏代替整体破坏，一旦材料的某个局部区域满足破坏准则，则认为结构发生了破坏或丧失了功能。具有代表性的是莫尔-库仑强度理论和格里菲斯强度理论。在这方面，伊麦尼柯夫(1982)按孔的应力集中理论分析采场地压分布及围岩稳定性，确定出支承压力带的应力集中系数估算值 K_c，并由此设计采场的结构参数。科茨(1978)根据梁理论分析覆盖岩层的应力分布及其稳定性，提出顶板中央的最大拉应力公式。

随着国外深部工程的增多和难度的增大，为了保证深部工程的稳定和工程的顺利进行，苏联、联邦德国、波兰等国对深部开采的巷道地压及其控制措施进行了大量研究(付国彬，1995)，如苏联学者对工作面前方支承压力影响带内巷道的顶、底板移近量与围岩强度及开采深度间的关系进行了统计研究(李化敏等，1994)。研究结果表明，对于不同的岩性，采深对其影响程度不同，对于软弱岩层，开采深度对围岩变形的影响比对硬岩层的影响显著得多，这是由于起内在作用的是围岩应力与围岩强度的对比关系(谢和平等，2015)。据此，采用 $\gamma H / \sigma_c$ 指标评价深部巷道的稳定性。

德国在开采实践的基础上，建立起集理论计算、模型试验和现场实测于一体的"岩层控制系统"，认为深部巷道的稳定性主要取决于底板岩层的力学性质，并用底板岩性指数评价其稳定性，对于不受采动影响的巷道，给出了以岩石的单轴抗压强度为指标的巷道失稳极限深度经验公式(Schweitzer and Johnson，1997)，如式(1-1)所示：

$$H_{\max} = 138\sqrt{\sigma_c} \tag{1-1}$$

式中，$H_{\max}$ 为巷道失稳极限深度，m；σ_c 为底板岩石的单轴抗压强度，MPa。

英国提出了以长期荷载作用下的裂隙强度为指标的巷道失稳极限深度($H_{\max}$)确定公式，如式(1-2)所示：

$$H_{\max} > k_v \eta \sigma_c / (2\gamma) \tag{1-2}$$

式中，γ 为岩石容重，kN/m³；η 为长时荷载影响系数；k_v 为裂隙影响系数。

20 世纪 80 年代以来，国外学者对深部巷道围岩的变形破坏机理及其稳定性控制方面的理论研究又有了新的进展，如 Kaiser 和 Morgenstern(1981)、Koichi 和 Yuzo(1983)对深部井壁围岩在受静态荷载作用下及深部巷道围岩受回采动荷载作用下的变形机理进行了研究。Diering 和 Laubscher(1986)对深部围岩的非线性大变形力学模型进行了研究，探讨了深部岩体开挖后的非线性大变形特性，指出弹性模量与围压(开采深度)有很大的关系。

在国内，随着煤矿开采深度的加深，对深部围岩稳定性控制理论的研究也取得了一些成果(刘泉声等，2013)。随着开采深度的增加，经常发现硐室、巷道、采场等工程围岩已经发生破坏，但它们仍能正常服务于生产，即围岩的局部破坏并不意味着整体(结构)破坏。因此，传统的连续介质强度理论不能准确地表征采矿工程的稳定性(唐春安和徐小荷，1989)，一些学者提出了不同的结构破坏定义。朱德仁将局部与整体的破坏定义为"岩石破坏"和"岩石工程破坏"，提出了以岩石工程周围关键区域岩石的力学状态达到某种条件作为岩石工程破坏的准则。卡曹罗夫(1985)用破坏了的围岩暴露面积与围岩面积的比值作为破坏标准。贾愚如和范正绮(1985)认为更适合于用统计断裂力学来描述，并提出了表征岩体破坏的最弱链杆模型，以累积破坏概率描述岩体的破坏程度。然而，这些对岩体破坏的定义或判断准则仅能描述岩体破坏的跳跃，以及发生非连续的突变破坏(失稳)。围岩系统失稳是局部围岩渐进破坏过程的损伤演化最终诱致突变的结果(Barton and Grimstad，1994)，这是工程岩体的非线性使连续变化的"因"产生不连续变化的"果"。突变论的提出为此类系统的突变失稳研究奠定了理论基础，并已经用于研究岩体工程突变失稳问题(Brown，1990；黄润秋和许强，1993；潘岳，1994；陈忠辉等，1998)。但目前研究仅限于比较简单的力学模型，或者将围岩顶板简化为三铰拱力学模型，或者视为等截面的圆形环(梁)(Liao，1988)。同时由于模型及参数的不确定性也限制了预测结果的可靠性。

开采深度的增加是导致深部围岩变形破坏的直接原因(于伟健等，2014)。为了找出内在关系，众多学者通过现场工程实测研究，得出随着开采深度的增加，巷道围岩的变形及破坏程度越来越严重这一共性规律(范秋雁和朱维申，1997；何满潮和高尔新，1998；杜计平等，2000；顾金才等，2000；张天军等，2000；潘一山，2003；Yang et al.，2015)，同时，得出了许多定量研究成果，如翟新献和李化敏(1995)通过现场研究得出埋深从600m开始，采深每增加100m，巷道顶、底板移近量增加10%~11%。如景海河(2002)通过对新汶深部巷道实测研究表明，开采深度从750m开始，采深每增加100m，巷道的顶、底板移近量约增加50mm。另据开滦集团的实测统计，当采深由400m增大到1000m时，回采巷道底鼓比例由32%增加到70%，准备巷道由24%增加到57%，开拓巷道由20%增加到42%。

何满潮(1993，1996，1998，1999)根据十余年科学研究实践和理论思索，运用工程地质学和现代大变形力学理论相结合的方法，通过分析软岩变形力学机制，提出了以转化复合型变形力学机制为核心的一种新的深部软岩非线性大变形理论。该理论认为，在深部巷道围岩地压作用下，除脆性岩体产生岩爆外，另一种表现是围岩体软化，从而进入大变形软岩状态。它涵盖了从软岩的定义、软岩的基本属性、软岩的连续性概化，到软岩变形力学机制的确定、软岩支护荷载的确定和软岩非线性大变形力学设计方法等内容。在我国地下矿山中，随着开采深度的增大，绝大部分矿山都出现了软岩灾害。深部软岩灾害导致矿井停产、停建屡见不鲜；造成隧道、涵洞无法使用，在水电、铁路等方面也经常见到。深部软岩巷道围岩的地压表现特征是其在工程应力的作用下产生显著的塑性大变形。近十几年来，该理论在我国8个省的推广应用中取得了成功，经济效益和社会效益显著。

1.1.3 软岩工程支护技术

1. 软岩工程支护设计方法

对于深部软岩工程，其支护设计方法基本上是根据其工程地质条件，沿用软岩巷道的支护设计方法。软岩巷道支护设计方法可追溯到20世纪60~70年代，当时因软岩工程中没有成熟的支护理论，其设计基本沿用工程类比法。进入 80 年代以后，随着支护理论及相关学科的发展，出现了位移反馈设计、松动圈支护荷载设计、弹塑性力学理论计算以及以有限单元法、边界元法、离散元法等为理论基础发展起来的数值计算程序(如 ADINA、FINAL、UDEC、FLAC、ANSYS 等)的设计方法。进入 90 年代以后，又发展了以非线性力学理论为基础的软岩支护设计方法。归纳起来，目前常采用的深部软岩工程设计方法主要有以下几种。

1)工程类比法

依据可靠的基础资料、工程环境资料和类似地质条件相邻矿井的支护及围岩变形的有关资料，在这些资料、工程条件分析的基础上进行类比方案设计。

2)理论计算法

根据软岩工程岩体和工程环境的相关资料确定软岩类别、岩体结构、地压显现类型，建立相应力学模型和计算方法。通过验算巷道位移、支架的最大反力及支护结构力学参数等，从总体上验算工程类比法所选取的支架类型及设计参数是否符合巷道围岩变形规律。

3)现场施工监测反馈法

依据岩体动态施工过程力学，复杂岩体工程的设计与施工是一个非线性力学过程(朱维申和何满潮，1996)，其稳定性与应力路径紧密相关，取决于分步开挖与支护的方案，必须运用动态规划原理对施工过程进行优化设计与分析。施工监测内容包括岩石的物理力学性质确定、巷道收敛、支护荷载以及典型地段围岩深部位移监测等。依据实测数据资料整理分析，反馈信息，及时调整工程设计参数，完善初步设计方案。

4)软岩非线性大变形力学设计法

何满潮(2000)根据软岩工程力学支护理论的研究成果，首次提出了软岩非线性大变形力学设计方法。该设计方法认为，地下工程围岩的破坏多数是支护体与围岩在强度、刚度和结构上存在不耦合造成的，软岩巷道工程的支护应该从分析其变形力学机制入手，对症下药，采取适当的支护转化技术，使复合型转化为单一型。近十年来，该设计方法在全国 30 多个矿井得到推广应用，并且取得了良好的经济和社会效益。

5)计算机数值模拟设计法

随着计算机技术的飞跃发展，工程数值计算方法日臻成熟，如有限单元法、边界元法、离散元法等(Karanagh and Clough，1971；蔡美峰等，1994)，以此为理论基础的、适用于不同工程对象特点的岩土工程数值计算软件大量涌现，如ADINA、FINAL、UDEC、FLAC 及 ANSYS 等。针对具体深部工程特性，选用能最大限度地体现其工程特点的数值软件，根据工程及岩体物理力学参数，设计不同的支护方案及参数设计，据此构建相应力学模型，通过模拟运算来优化设计方案及参数。该方法目前在深部巷道及其他地下工程支护设计中得到了广泛的应用。近年来，利用数值模拟手段对深部巷道支护的机理进行研究也取得了一定的成果，对大断面硐室及交叉点支护(何满潮等，2002a，2002b，2002c)、动压巷道支护(孙晓明和何满潮，2005)等方面都做了大量卓有成效的研究。

2. 软岩工程支护技术

深部软岩支护还没有形成完整的理论和技术，仍然沿用原来的方法和技术。在深部软岩支护技术方面，针对其变形大、支护难的特点，国内外发展了深井巷道的专门支护技术(何满潮和汪玉生，1996；高德利等，2000)。支护方式有普通锚喷支护、柔性钢支架支护、锚喷网-柔性钢支架联合支护等形式。何满潮和高尔新(1997，1998)根据"软岩大变形理论"，提出了耦合支护技术的原理，并采用预留刚柔层支护技术解决了广西那龙二号井的深部软岩工程支护问题，救活了整个矿井，也是我国成功治理深部软岩工程的典范。本书对几种常用的软岩巷道支护技术进行分析。

1) 锚网索耦合支护技术

在软岩非线性大变形设计理论的基础上，何满潮等提出了锚网索耦合支护技术(何满潮和高尔新，1997，1998；孙晓明，2002；何满潮和孙晓明，2004)。该技术认为，围岩破坏的根本原因是支护体力学特性与围岩力学特性不耦合，并且首先从某一关键部位开始破坏(何满潮和李春华，2002；郭志飚等，2009；侯朝炯，2017)，进而导致整个支护系统的失稳，耦合支护就是通过限制围岩产生有害的变形损伤，实现支护一体化、荷载均匀化。

2) 刚柔耦合支护技术

曹伍富(2004)在研究深部软岩(煤层)巷道支护时，提出深部软岩巷道的刚柔耦合支护技术。该技术是根据深部开采中围岩的受力过程及其力学特性，以及深部软岩所具有的非线性力学特点，在初次锚网支护后，对关键部位采用锚索二次耦合支护，实现支护体与围岩耦合作用的一种新技术。

该技术认为，深部软岩巷道支护不可能一次到位，而是一个过程，必须进行二次或多次支护；巷道开挖时，允许围岩产生部分松动变形，在围岩中产生松动圈，并释放部分积聚在围岩内部的变形能；在初次锚网支护的基础上，根据深部软岩巷道破坏关键部位的特征，通过现场观测等手段，确定二次锚索支护的最佳时间；锚索二次耦合支护可以最大限度地调动深部围岩的强度，使围岩对支护体的作用力降到最小，减少支护系统破坏的可能性。

3）锚网索-钢架联合支护技术

陆家梁教授（陆家梁，1986）提出联合支护技术，认为巷道支护必须采用先柔后刚、先抗后让、柔让适度、稳定支护的原则，并由此发展了锚网索-钢架等联合支护技术（郑雨天，1985；冯豫，1990；Wang and Wang，2000）。该技术的特点是钢架支护直接与围岩间紧密接触，没有预留变形空间。这种联合支护技术在煤巷、综采切眼、大断面硐室和交叉点支护中得到应用，并取得了一定的效果。

1.1.4 常规支护技术存在的问题

上述支护方法通过某一种方法或手段解决现场工程实际问题，在埋深较浅、工程地质条件相对简单的情况下可以取得较为理想的效果。但是，在我国最深的软岩矿井——柳海矿巷道支护中，采用了几乎所有的常规支护方法，由于其复杂的地质力学环境，常规支护方法都以失败告终，并且造成已施工巷道全部破坏。因此，必须针对深部软岩工程巷道围岩条件及其力学特性，采用更加合理的支护方法，才能保证巷道围岩的稳定性。

1.2 深部软岩工程研究内容及方法

1.2.1 研究内容

根据上述对国内外深部软岩工程稳定性控制对策及支护方法的分析，解决我国深部软岩矿井支护问题。本书将通过现场工程调查，分析深部软岩工程特性，并确定龙口矿区深部软岩矿井的临界深度，给出我国最深的柳海矿深部软岩工程的难度系数和危险指数，提出稳定性控制原则和支护对策，并对所采用支护技术的原理、技术特点和设计方法等进行研究。最后将上述研究成果应用于工程实例，并进行工程推广应用。

为了解决柳海矿深部软岩工程问题，提出相应的支护对策，并对其支护设计方法进行研究，本书的主要研究内容如下。

1. 深部软岩工程特性

根据深部工程的定义，本书首先对深部软岩工程进行定义，重点分析深部软岩工程的特点，并以柳海矿为例，分析工程地质条件、围岩结构、物化成分等，计算柳海矿深部软岩矿井的临界深度。

2. 深部软岩工程破坏机理

深部软岩工程的独特性和复杂性，决定了其稳定性控制原则不同于其他工程，同时其支护对策也是一种新的方法。本书对深部软岩工程变形破坏现象和主要特征的分析，得出其变形和破坏的主要原因和直接原因，提出柳海矿深部软岩工程稳定性控制原则和支护对策，并建立围岩支护体蠕变模型，推导预留变形量计算公式。

3. 深部软岩锚网索-桁架耦合支护原理

根据对柳海矿深部软岩工程评价结果和其稳定性控制原则，本书将对深部软岩工程稳定性控制的主要对策——锚网索-桁架耦合支护原理进行详细研究。根据耦合支护的原理，定义锚网索-桁架耦合支护，并利用数值模拟方法和理论分析方法，对锚网索-桁架耦合支护技术的基本原理、力学机理等进行分析，并且对锚、网、索、围岩、桁架间的相互作用关系进行研究。

4. 深部软岩锚网索-桁架耦合支护技术

本书对锚网索-桁架耦合支护的关键技术进行研究，从而得出锚网索-桁架耦合支护技术的特点和适用范围。同时对锚网索-桁架耦合支护技术及设计方法进行系统研究，分析深部软岩工程耦合支护设计的基本思想，通过对深部软岩工程特性、原支护存在问题的分析，确定深部软岩工程的变形力学机制，进行对策设计、过程优化设计和参数设计，并对上述设计结果进行数值模拟研究，验证设计过程和参数的准确性，确定现场工程试验地点，进行现场工程试验，并进行现场监测，优化支护参数，提交优化支护工程设计方案。本书通过对锚网索-桁架耦合支护设计的基本思路和主要步骤的分析，对锚网索-桁架耦合支护设计的主要内容进行总结和概括。

5. 工程实例

以柳海矿深部软岩工程为实例，根据具体工程地质条件、破坏形式、破坏原因分析结果和室内试验结果，确定其变形力学机制、支护对策，制定合理的转化技术和施工过程，然后通过现场监测等手段验证支护设计方案的合理性。

1.2.2 研究方法

本书采用软岩非线性大变形理论结合工程地质学和现代大变形力学的方法，通过广泛的现场工程地质条件调查和细致的理论研究，借助室内物化成分分析试验(全岩矿物分析和黏土矿物分析)、微观结构测试试验等手段，综合对深部软岩工程的相关问题进行研究，确定临界深度，分析破坏原因，确定复合性变形力学机制，从而提出稳定性控制原则和支护对策。

通过理论分析和数值模拟分析，研究深部软岩锚网索-桁架耦合支护原理和支护体与围岩间的相互作用关系。通过对耦合支护理论的阐述，利用归纳和总结等方法，研究锚网索-桁架耦合支护的技术关键、技术特点和支护原则，并根据现场调查结果，确定锚网索-桁架耦合支护技术的适用范围。根据非线性大变形设计理论，结合耦合支护的相关思想，并以现场工程为背景，研究锚网索-桁架耦合支护技术设计方法的基本思路和主要设计步骤，并详细分析和总结锚网索-桁架耦合支护技术设计的主要内容。

本书采用理论研究和现场工程实践相结合的方法，将理论研究成果应用于柳海矿深部软岩工程中，通过现场监测等进行信息反馈，验证支护方案的合理性和可靠性，并将最佳支护方案在类似条件的工程中推广应用。

第2章 深部软岩工程特性及临界深度确定

软岩矿井分布在我国 10 余个省(区、市),由于其地层岩石成岩作用差、时期短,岩石强度低,并含有较高的膨胀性矿物,随着开采深度的增加,很多矿井进入深部开采。深部软岩矿井的支护问题越来越突出,我国最深的软岩矿井(龙口矿区柳海矿)开采深度已达 500m,包括运输大巷在内的井底车场巷道基本全部破坏,面临关闭停建状态。这种情况的发生主要是对深部岩体的工程特性及其所处的工程地质环境研究不够深入,对其破坏原因和机理研究不够深入。本章以柳海矿为代表深入研究深部软岩工程特性,并计算其临界深度和难度系数。

2.1 深部软岩工程特性

深部软岩由于其应力高、岩石强度低、岩体破碎、膨胀性矿物含量高等特点,区别于古生代和中生代软岩,其支护问题将更难解决。

2.1.1 深部软岩工程的特点

深部软岩工程埋藏较深,地质环境更加复杂,地应力增大、涌水量加大、地温升高,使其表现出一些新的特点及灾害形式。本节主要从以下几个方面阐述其特点。

1. "三高一扰动"的复杂地质力学环境

(1)高地应力。进入深部开采以后,仅重力引起的垂直原岩应力通常就超过工程岩体的抗压强度(>20MPa),而由于工程开挖所引起的应力集中水平则更是远大于工程岩体的强度(>40MPa)。同时,据已有的地应力资料显示,深部软岩形成历史久远,留有远古构造运动的痕迹,其中存在构造应力场或残余构造应力场。二者叠合累积为高应力,在深部软岩中形成了异常的地应力场。

(2)高地温。根据量测,越往地下深处,地温越高。地温梯度一般为 30～50℃/km,常规情况下的地温梯度为 30℃/km。断层附近或导热率高的异常局部地区,地温梯度有时高达 200℃/km。岩体在超出常规温度环境下,表现出的力学、变形性质与普通环境条件下具有很大差别。地温可以使岩体热胀冷缩破碎,而且岩体内温度变化 1℃可产生 0.4～0.5MPa 的地应力变化。岩体温度升高产生的地应力变化对工程岩体的力学特性会产生显著的影响。同时,地温升高,工人注意力不集中、工作效率降低，可能造成严重的安全隐患。

(3)高岩溶水压。进入深部以后，随着地应力和地温的升高，将会伴随着岩溶水压的升高，在采深大于 1000m 的深部，其岩溶水压将高达 7MPa，甚至更高。岩溶水压的升高，使矿井突水灾害更为严重。

(4)工程扰动。工程扰动主要是指强烈的开采扰动。进入深部开采后，在承受高地应力的同时，大多数巷道要经受来自上部和左右侧回采空间引起的强烈的支承压力作用，巷道前方掘进对后方巷道的扰动影响，以及邻近巷道施工对巷道围岩的扰动影响，使受采动影响的巷道围岩压力达到数倍，甚至近十倍于原岩应力，从而造成在浅部表现为普通坚硬的岩石，在深部却可能表现出软岩大变形、大地压、难支护的特征。浅部的原岩体大多处于弹性应力状态，而进入深部以后则可能处于塑性状态，各向不等压的原岩应力引起的压、剪应力超过岩石的强度，造成岩石的破坏。

2. 深部软岩工程的非线性大变形

深部软岩工程的大变形是其最显著、最直观的特征，深部围岩在深部各种环境因素及开挖扰动的作用下，发生显著的大变形。

深部软岩强度低、结构松散。浅部开挖时，在工程开挖、开采等工程扰动和地下水等因素的作用下发生大变形。深部开挖时，在深部高应力及环境因素的影响下，当岩体中具有强膨胀性的黏土矿物含量较高时，在内、外界条件的作用下，释放出巨大的能量，造成围岩失稳和破坏；当巷道围岩中的黏土矿物含量较低或不含黏土矿物时，巷道两帮和顶、底板岩层在深部高应力的作用下，向巷道空间内急剧挤入，造成巷道的垮塌或冒顶。特别是当巷道围岩含有一层或多层这类岩石时，岩层中原有的薄层(含泥质岩层)经层间错动破碎后，在地下水长期物理化学作用下形成的结构疏松、粒间黏结弱且完全泥化的夹层，在深部高应力的作用下，围岩首先在这些夹层处发生剪切滑移大变形，进而使整个巷道失稳破坏。

根据深部软岩工程的变形破坏情况及现场工程实际，其大变形可分为膨胀型大变形、挤出型大变形和复合型大变形。

深部软岩工程大变形破坏是在巷道开挖引起的初次地应力重新分布完成之后，原来的三向应力状态被打破，在巷道周边或硐壁附近，环向应力不断增加，形成应力集中，应力集中值超过围岩强度而导致围岩变形破坏，而此时轴向应力基本不变，而径向应力显著降低，趋近于零。径向应力为围岩变形破坏的围压，围岩变形破坏的围压环境为低围压环境。深部软岩工程中经常遇到泥质胶结的泥质岩石、泥质或钙质胶结的砂岩等，当其位于地表浅部或低地应力环境时，岩块显示出较坚硬的岩石特征，而在深部软岩工程高应力环境中，则发生较大的挤出大变形。

3. 深部软岩工程非线性力学设计方法及荷载确定方法

深部"三高一扰动"的复杂环境，使深部岩体的组织结构、基本行为特征和工程响应均发生根本性变化。强烈的工程扰动及多向多场的耦合作用下表现出的特殊非线性力学行为，使得在浅部开采条件下，由于工程围岩所处的力学环境比较简单，在进行稳定性控制设计时，采用传统的线性设计理论即可奏效。而在深部"三高一扰动"的特殊地质力学环境下，深部工程岩体表现出明显的非线性力学特性，进入深部的工程岩体所属的力学系统不再是浅部工程围岩所属的线性力学系统，而是非线性力学系统。因此，在进行稳定性控制设计时，不能简单地采用一次线性设计，而必须采用先进行变形设计，再进行强度设计的二次非线性设计理论，或者是更复杂的多次非线性大变形力学稳定性控制设计理论。

浅部工程围岩所属的线性力学系统决定了其巷道工程岩体的荷载计算采用参数计算方法即可。而深部工程岩体所属的非线性力学系统决定深部巷道工程施工过程中会表现出明显的过程相关性，即不同的卸（加）载顺序会产生不同的围岩损伤、变形结果。因此，必须从深部软岩工程岩体的非线性力学特性出发，以确定合理的工程卸（加）载顺序为基础，建立起深部软岩工程岩体的荷载计算模型，从而确定合理的、安全的、经济的支护强度，保证深部软岩工程岩体的稳定性。

2.1.2　深部软岩工程的特性

1. 深部软岩矿井的分布

我国深部软岩矿井主要分布在山东、辽宁、吉林、广东、河北、新疆、广西、云南和台湾等省区，其中广西、山东、辽宁等矿区开采深度增加较快，并且出现非线性大变形现象，支护难度较大。

2. 深部软岩的力学特性

深部软岩生成年代短，岩体强度低。通过对广西那龙、山东龙口等矿区深部软岩力学试验结果可知，岩体强度仅为 1～2MPa，但开挖后应力集中强度为 8～12MPa。资料表明，深部软岩的抗拉强度极低，一般仅为抗压强度的 5%～10%。并且长期强度多为瞬时强度的 10%～40%。与其他类型软岩比较，深部软岩弹性模量很小，泊松比较大。

在围压条件下，深部软岩表现出明显的塑性流动，宏观上表现为非线性大变形和塑性破坏。

3. 深部软岩的膨胀性

根据统计资料，深部软岩成岩时间短，胶结程度差，通过对广西、山东等深部软岩矿区 10 余个矿井岩样研究，结果如下。

(1)蒙脱石含量高，通常大于 10%，小于 45%，最高可达 70.86%。蒙脱石与伊利石、高岭石构成不规则的混合物。

(2)物理化学活性强。大多数泥岩的比表面积超过 100m^2/g，阳离子交换量为 20～55meg/100g，决定深部软岩水稳性很差。

(3)胶结程度差，膨胀性显著，强度低(小于30MPa)，风化耐久力差。深部泥岩属弱胶结，干燥失水后在水中呈泥状或碎屑状破坏，大多属弱膨胀和强膨胀泥岩，个别属于剧烈膨胀泥岩。

2.1.3　柳海矿深部软岩工程的特点

柳海矿是我国最深的软岩矿井之一，岩石成岩作用差，时期短，岩石强度低，并且原支护形式对工程特点缺乏足够的了解，使得井底车场已施工巷道基本全部破坏，面临关闭停建状态。要对其进行成功支护，有必要对深部工程特点进行分析，本书将柳海矿深部软岩工程特点概括为以下三个方面。

1. 埋藏深度最大

柳海矿地面标高在+10.3～+25.74m，井底车场巷道设计标高为–480m，埋藏深度达 500m，是国内已建深部软岩矿井中埋藏深度最大的矿井之一。

我国深部软岩矿井埋藏深度多数在 300m 以内，国内埋藏最深的为 350m。根据现场工程实际，埋藏深度在 300m 以上的巷道及硐室，采用普通的支护方法(围岩条件较差的采用一些补强措施)就基本可以满足现场工程应用，但柳海矿埋深达 500m，原有的支护手段完全失灵，必须寻找新的支护方式。

2. 膨胀性矿物(蒙脱石)含量最高

根据微观试验和物化分析的结果，柳海矿井底车场巷道围岩黏土矿物中膨胀性矿物(蒙脱石)相对含量最高达 96%，巷道围岩的胶结程度极差，膨胀性显著，强度低，风化耐久力差，使得巷道变形量大，维护困难。

根据对我国 8 省区(山东、辽宁、吉林、广东、河北、新疆、广西、云南)15 个工程和矿山数百个岩样试验结果分析，膨胀性矿物(蒙脱石)相对含量平均在 10%～45%。而柳海矿巷道围岩的蒙脱石相对含量多在 60%～70%。

3. 破坏范围最大

柳海矿井底车场前期施工(截止到 2004 年 7 月)巷道总长度为 542.4m，所有巷道(包括井筒和马头门)都产生不同程度的破坏，部分巷道已经过多次返修，并且采用多种支护方式，包括 U 型钢支护、锚网喷支护、钢筋混凝土支护和高强度梁式混凝土预制件支护等，但都以失败告终。

　　其他深部软岩矿区的巷道破坏以局部破坏为主，破坏程度远没有柳海矿严重。柳海矿井底车场已施工巷道采用了国内外几乎所有的支护方法，但都以失败告终。巷道破坏情况为全国深部软岩矿井破坏范围最大、破坏程度最严重、破坏方式最多的矿井。图 2-1 为南水仓 U29 型钢+锚喷支护巷道变形破坏情况，U 型钢严重扭曲，混凝土喷层脱落；图 2-2 为重车线严重底鼓，底鼓量最大达 1000mm。

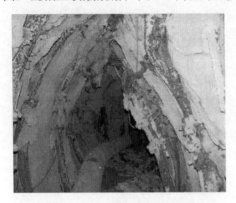　　

图 2-1　南水仓巷道变形破坏图　　　　　　图 2-2　重车线严重底鼓

　　柳海矿深部软岩工程的上述特点使其成为国内深部软岩工程中的最大难题，必须对现场工程地质情况进行详细调查，同时对原支护形式存在的问题进行认真分析，发现其中存在的问题，并分析其变形力学机制，提出切实可行的支护对策和设计方案。

2.2　深部软岩工程地质条件分析

　　由于柳海矿深部软岩工程埋藏深、膨胀性矿物含量高，并且破坏严重，有必要对现场工程地质条件进行分析，并总结其特点，为确定临界深度和难度系数提供依据。

2.2.1　地层岩性

　　柳海矿所处的黄县煤田位于鲁东断块、胶北隆起的北西缘，为中、新生代形成的断陷盆地，聚煤时代为古近纪始新统—渐新统，煤系地层沉积不稳定，柳海矿位于黄县煤田中段之北缘，濒临渤海，不整合于中生代白垩系地层之上。柳海矿所在区域地层从浅到深由以下几个部分组成。具体的岩性详见图 2-3。

岩层时代	岩石名称	岩性特征	柱状图	全区厚度/m 最小～最大 平均
古近系	钙质泥岩	浅灰色，微带绿色，致密坚硬，性脆，破碎后呈块状，厚度较大，局部含水，较稳定	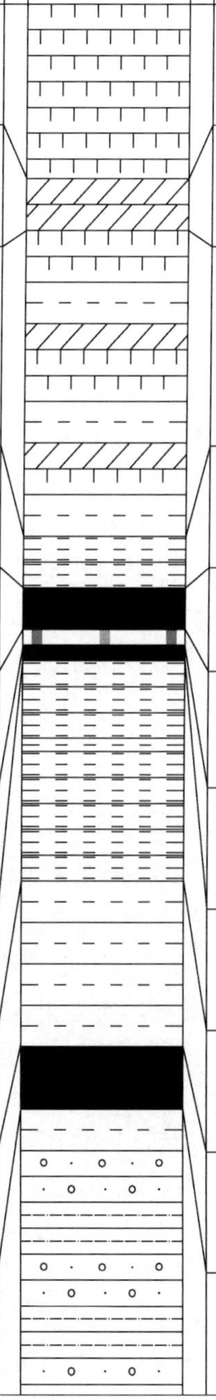	80.3～94.0 85.0
	泥灰岩	浅灰色或灰白色，致密坚硬，断口平整，泥灰岩层溶洞裂隙较发育，含介形虫及山东螺化石，较稳定，岩层具有含水性		3.50
	泥岩、钙质泥岩及泥灰岩互层	浅灰色或灰黑色，含钙泥岩微带绿色，层理较发育，层面光滑，较致密坚硬，含较多介形虫化石，易碎，呈块状，局部具有含水性		12.0～25.0 23.50
	含油泥岩	灰色-浅灰色，层状，水平节理发育，较坚硬，含油自下而上降低，无开采价值，层面含介形虫及螺化石		2.8～7.5 6.5
	煤₁	褐黑色，结构简单，煤质好，容重小，为光亮型煤，易碎，呈块状，上部比下部煤质好，局部含水		1.21～1.44 1.32
	油页岩	褐黑色，水平层理发育，韧度大，容重小，含油高，发热量稍低，可与煤₁合并开采，含丰富的介形虫和螺化石，易产生底鼓		0.72～0.98 0.80
	小煤	灰黑色及褐黑色，煤质较差，灰粉高，层理发育，暗淡型煤，厚度较薄，稳定，具有开采价值，可与煤₁合并开采		0.25～0.57 0.45
	含油泥岩	灰色-浅灰色，层状，水平节理发育，较坚硬，含油自下而上降低，无开采价值，层面含介形虫及螺化石		4.50～8.50 7.50
	泥岩	褐色及暗灰色，层面光滑，断层平整，水平层理发育，具有吸水崩解性，受压呈碎块状及粉土状，承压性差，具有可塑性		3.20～4.50 3.50
	煤₂	灰褐色褐煤，半光亮型，含有树脂胶，结构复杂，性脆易碎，受挤压破碎后下沉易产生网兜现象，不宜作为巷道顶板		1.98～3.46 2.44
	泥岩、砂砾岩互层	浅灰色-灰白色，泥质胶结，较坚硬，粒度越大胶结越差，硬度越低，含水差-中等，遇水泥化松软，呈砂土状，不利于巷道支护		—

图 2-3　柳海矿深部软岩工程综合柱状图

(1)第四系(Q)：厚 13.40～110.00m，不整合于古近系杂色泥岩之上，其厚度变化趋势与新构造运动有关，即断层下降盘厚度大，断层上升盘厚度小，向斜轴部厚度大，背斜轴部厚度小，区内第四系分布总趋势是南部沿草柳断层一带厚度大，北部沿海一带厚度小。第四系沉积中期发生多期火山喷发，因而第四系中夹有 1～3 层玄武岩，玄武岩厚 1.20～43.70m，平均 12.49m。第四系以粉砂质黏土和黏土质砂为主，上分层沉积均匀，分选性较好，下分层砂砾层较多，粒径较大，分选性差。

(2)古近系(E)：整个古近纪沉积很厚，可分为三段。

上部非煤系段(第四系底板到煤$_{3上}$顶板)：平均厚 334.85m，自西向东逐渐变厚，根据岩性特征又可分上、下组。上组岩性以杂色泥岩和杂色粉砂岩为主，伴有少量砂岩。下组厚 58.80～155.80m，以灰绿色泥岩和浅灰色-灰色钙质泥岩为主，其中夹四层灰白色带绿色的泥岩(即泥$_1$、泥$_2$、泥$_3$、泥$_4$)。

中部煤系段(煤$_{3上}$顶板至油$_4$底板)：厚 77.10～228.30m，自西向东逐渐变薄，主要由泥岩、钙质泥岩、碳质泥岩、薄层泥灰岩、含油泥岩、黏土岩、砂岩等组成。含可采煤层两层(煤$_1$和煤$_2$)，局部可采煤层三层(煤$_3$、煤$_{4中}$、煤$_{4下}$)。含可采油页岩两层(油$_{2上2}$、油$_{2上1}$)，局部可采油页岩一层(油$_4$)。除上述煤层和油页层可作标志层外，煤$_1$上部的泥灰岩也是本区的主要标志层和含水层。

下部非煤系段：上自煤$_4$底，下至古近系始新统沉积开始，区内仅 L28-4 井揭露较全，厚度为 137m，主要由灰色、深灰色夹灰绿色的泥岩及砂岩等组成，其底不整合于白垩系紫红色砾岩之上。

2.2.2　矿井断层及构造条件

柳海矿形成后，经草柳断层的后期作用，区内地层倾角平缓，一般为 5°～8°，局部略有次一级起伏，为一改造后的宽缓不对称向斜，即雁口-曲潭向斜，总的走向为 SW-NE。其内部可分为三个次级褶皱，即雁口小向斜、四农北鼻状构造、曲潭向斜。区内断裂发育，均为正断层，可分为四组，即草泊-柳海复杂断层组、东西向断层组、北东向断层组、北西向断层组。柳海矿内断层主要特征为：多数为北盘下降的正断层；大部分断层呈蚓虫状，即落差中间大，两端小，走向短，尖灭快，倾角缓；草柳断层带的落差是东大西小；落差较大的断层往往在走向上迅速尖灭；在垂向上常为下部落差大，上部落差小。区内共查出断层 56 条，均为正断层，落差不小于 30m 的有 21 条，落差为 20～30m 的有 14 条，落差小于 20m 的有 21 条。大断层主要集中在矿井南界草柳断层带中，矿井内多为延展不长的中小断层。断层的主要特征详见表 2-1。

通过上述对柳海矿断层构造的分析可知，柳海矿深部软岩矿井的主控构造为柳海断层和草泊断层，两组断层走向均为 NEE，倾向均为 WWN。因此可推断，柳海矿深部软岩矿井主应力方向为 SE-NW 向。

表 2-1　柳海矿深部软岩工程主要断层特征表

断层名称	性质	产状			落差/m	查明程度
		走向	倾向	倾角/(°)		
F4	正	NEE	SSE	60	0～26	已查明
BF15	正	NW、SWW	NNE、NNW	60	12～40	已查明
F1	正	NEE	NNW	60	0～35	已查明
F1-1	正	NE	NW	60	0～20	基本查明
F2	正	NEE	NNW	55	0～40	已查明
F3	正	NEE	NNW	67	0～25	已查明
F10	正	NEE	NNW	60	0～25	初步查明
F12	正	NE	NW	60	0～60	已查明
草泊	正	NEE	NNW	65	50～230	已查明
草 F1	正	NEE	NNW	60	30～70	已查明
草 F6	正	NEE	NNW	60	25	已查明
柳海	正	NEE	NNW	60	30～170	已查明
柳 F1	正	NE	NNW	70	15～120	已查明
柳 F5	正	NEE	NNW	60	12～25	基本查明
F13	正	NE	NW	60	30	已查明
F13-1	正	NE	NW	60	30	初步查明
F15	正	NE	NW	60	0～20	基本查明
F16	正	NE	NW	60	0～20	基本查明

2.2.3　矿井水文地质情况分析

1. 地表水

中村河在柳海矿区中部通过，流入渤海，历史上中村河常泛滥成灾，1959 年兴建水库后，洪水泛滥的现象已不再发生。

2. 地下水

区内含水层依其与采煤的关系分为直接充水层和间接充水层。间接充水层有第四系砂砾石层。非煤系地层的间接充水层自上而下有钙质泥岩 $_4$、钙质泥岩 $_5$。这两层位于煤 $_{上3}$ 以上，煤 $_{上3}$ 以下的含水层为直接充水层，包括钙质泥岩 $_6$、泥灰岩、泥岩与泥灰岩互层、煤 $_1$、煤 $_2$、下部细、中、粗砂岩，煤 $_3$ 与煤 $_4$ 间细、中、粗砂岩及煤 $_4$。

在第四系松散层中，黏土类地层为隔水层，非煤系地层中泥岩 $_3$ 以上泥岩、粉砂岩、钙质泥岩$_1$、钙质泥岩$_2$、钙质泥岩$_3$和煤系地层中各个直接充水层之间的泥岩、粉砂岩、含油泥岩、油页岩等均视为隔水层。

矿井内直接充水层中除泥灰岩和钙质泥岩$_6$富水性为弱-中等外,其他均较弱。

3. 地下水断层导水性

区内含煤地层松软,断层均为正断层,断层带内多充填泥质物,故导水性较差,在 L31 号孔泥灰岩和断层带混合抽水,单位涌水量为 0.0007L/(s·m),单位涌水量很小,说明断层带的富水性弱,在北皂矿井开拓中曾有五处遇断层破碎带,其中,四处有涌水,涌水量为 20～30m^3/h,说明断层破碎带在靠近含水层时,有一定的导水性。

2.2.4 矿井地应力情况分析

柳海矿深部软岩巷道所受地应力主要为自重应力和水平构造应力。

1. 自重应力

由柳海矿巷道埋深为 500m 可推知,该巷道开挖部位所受的垂直自重应力为 10～13MPa。

2. 水平构造应力

根据现场工程地质调查及区域地应力分析,本区内存在大量的构造和断层,以及一定的残余水平构造应力,但由于构造应力数值较小,主要考虑自重应力的影响。

2.3 深部软岩巷道围岩结构

巷道围岩结构对巷道的整体稳定性有至关重要的影响,还能够对判断围岩的变形力学机制提供依据,因此,本节主要从宏观和微观两个方面分析柳海矿深部软岩工程的巷道围岩结构。

2.3.1 宏观结构

柳海矿深部软岩工程围岩所穿过的岩层为泥岩、砂岩和煤层,总体上,围岩相对较破碎,节理、层理和断层较发育,并且岩体强度较低。图 2-4 为运输大巷掘进迎头揭露的岩层情况,岩层节理和层理较发育;图 2-5 为管子道迎头断层发育情况,在柳海矿井底车场巷道围岩中类似断层随处可见,造成巷道围岩强度较低;图 2-6 为火药库迎头泥岩风化后的情况,风化后成泥状,强度极低,并有流变性;图 2-7 为装载皮带联络巷迎头揭露的破碎块状砂岩。

图 2-4　运输大巷掘进迎头岩层宏观结构　　　　图 2-5　管子道迎头断层发育情况

图 2-6　火药库迎头揭露的泥岩　　　　图 2-7　装载皮带联络巷迎头破碎块状砂岩

2.3.2　微观结构

　　为了对柳海矿深部软岩工程围岩的变形和破坏机理有更加深入的认识，除了对围岩的宏观结构进行分析外，还对围岩进行了微观结构测试分析，主要是由现场取样，利用扫描电子显微镜对围岩的微观结构测试分析，微观结构扫描结果如图 2-8～图 2-13 所示。

图 2-8　煤$_2$底板砂砾岩

图 2-9 煤$_2$

图 2-10 煤$_2$顶板泥岩

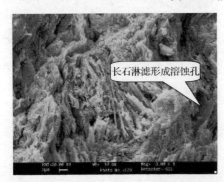

图 2-11 煤$_1$底板含油泥岩

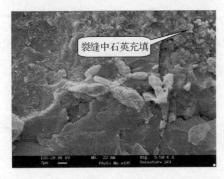

图 2-12 煤$_1$ 图 2-13 煤$_1$顶板含油泥岩

从扫描电子显微镜的照片可以看出：含有黏土矿物的岩石，其蒙脱石或伊蒙混层矿物在岩石颗粒表面有的呈片状，定向分布，且局部有溶蚀空洞发育，有的充填于岩石颗粒的微裂隙中。岩石微裂隙普遍较发育，而且大部分连通性较好，有的裂隙被白云石、石英或者长石充填。

2.4　深部软岩矿物成分分析

为了确定柳海矿深部软岩工程巷道围岩的矿物成分、黏土矿物含量，以及黏土矿物中膨胀性矿物含量，在中国石油天然气股份有限公司勘探开发研究院实验中心进行全岩和黏土矿物 X 射线衍射分析试验。分别对砂砾岩、煤和泥岩等龙口矿区具有代表性的泥岩、砂岩和煤样共 6 组岩样进行全岩和黏土矿物分析试验。

X 射线衍射效应是在晶体(绝大多数矿物都是晶体)中发生的。因此，X 射线衍射学科的基本特点是涉及晶体结构。不同的矿物具有不同的晶体结构，X 射线衍射技术就是根据不同晶体结构发生衍射谱图的特点来鉴别矿物的种类，特别是对于片架状硅酸盐类的黏土矿物更是如此。

实验仪器为日本理学电机株式会社(Rigaku)生产的 D/MAX 2500 射线衍射仪(管压 40kV，管流 100mA)。

试验需要在如下的条件下进行：Cu 靶，波长 1.54184nm；电压 40kV，电流 100mA；狭缝系统(1°，1°，0.3mm)；扫描速度 4°/min。

2.4.1　全岩矿物 X 射线衍射分析

全岩矿物 X 射线衍射分析试验步骤为：样品粉碎、研磨至全部粒径小于 40μm，将粉末装入铝质样品框架 20mm×18mm 空框内，垂直压紧成型，然后上机测量 X 射线衍射峰值来分析矿物成分及含量，按绝热方程计算。图 2-14～图 2-19 分别为煤$_2$底板砂砾岩、煤$_2$、煤$_2$顶板含油泥岩、煤$_1$底板泥岩、煤$_1$、煤$_1$顶板含油泥岩全岩矿物 X 射线衍射谱图，各岩样所含矿物种类及相对含量见表 2-2。

从全岩矿物 X 射线衍射分析结果可以看出，煤$_1$和煤$_2$主要矿物成分以非晶质为主(含量分别达 81.0%和 97.0%)，另外还有少量的石英和黏土矿物；煤$_1$顶板含油泥岩、煤$_1$底板泥岩和煤$_2$顶板含油泥岩中含有大量的黏土矿物(56.6%～60.9%)，同时还含有石英、钾长石、斜长石、黄铁矿、菱铁矿和方解石等矿物；煤$_2$底板砂砾岩以石英和黏土矿物为主，占总量的 82.2%，还含有少量的钾长石、斜长石和白云石。

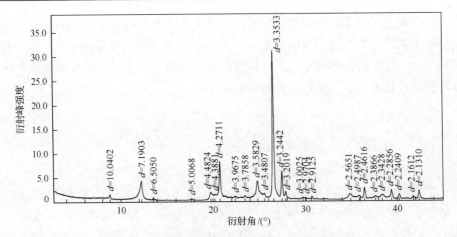

图 2-14　煤₂底板砂砾岩全岩矿物 X 射线衍射谱图

d 为衍射晶胞参数

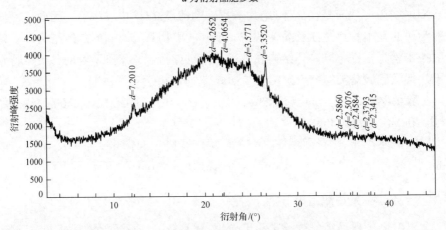

图 2-15　煤₂全岩矿物 X 射线衍射谱图

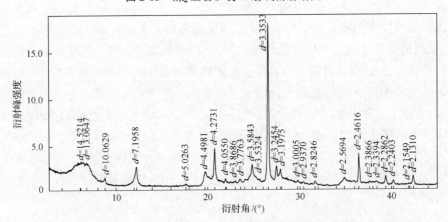

图 2-16　煤₂顶板含油泥岩全岩矿物 X 射线衍射谱图

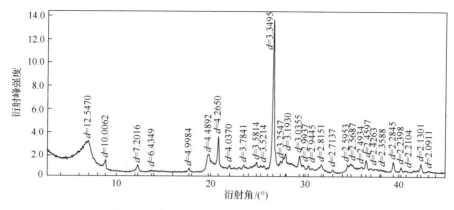

图 2-17　煤₁底板泥岩全岩矿物 X 射线衍射谱图

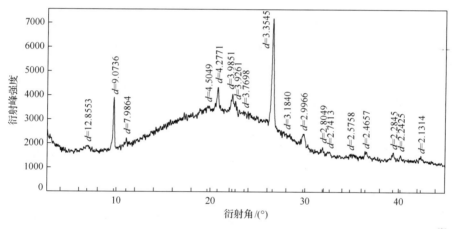

图 2-18　煤₁全岩矿物 X 射线衍射谱图

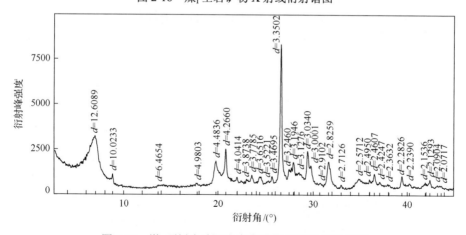

图 2-19　煤₁顶板含油泥岩全岩矿物 X 射线衍射谱图

表 2-2　全岩矿物 X 射线衍射分析结果表

分析号	岩石性质	矿物量/%								黏土矿物总量/%
		石英	钾长石	斜长石	方解石	白云石	黄铁矿	菱铁矿	非晶质	
1	煤₁	3.3							81.0	2.0
2	煤₁底板泥岩	23.9	3.4	4.8			1.6	5.3		60.9
3	煤₁顶板含油泥岩	14.6	4.0	5.8	5.5		1.3	12.2		56.6
4	煤₂顶板含油泥岩	20.5	2.5	3.5			2.0	13.5		58.0
5	煤₂	1.0							97.0	2.0
6	煤₂底板砂砾岩	40.3	12.3	2.5	3.0					41.9

注：引用标准《沉积岩粘土矿物相对含量 X 射线衍射分析方法》(SY/T 5163—1995)

2.4.2　黏土矿物 X 射线衍射分析

黏土矿物通常是指粒径小于 2μm 含水的层状硅酸盐矿物。X 射线衍射分析中首先分离(沉降法)出小于 2μm 的黏土矿物，在玻璃片上(40mm×25mm)制备样品，然后分别通过自然状态(室温自然干燥)、乙二醇饱和(60°,7.5h)、加热处理(450°, 2.5h)三种状态下 X 射线衍射峰值米定性分析各种黏土矿物种类及其相对含量。

图 2-20～图 2-25 分别为煤₂底板砂砾岩、煤₂、煤₂顶板含油泥岩、煤₁底板泥岩、煤₁、煤₁顶板含油泥岩黏土矿物 X 射线衍射谱图，各岩样所含黏土矿物种类及相对含量见表 2-3。

从黏土矿物 X 射线衍射分析结果可以看出，煤₁、煤₁底板泥岩、煤₁顶板含油泥岩、煤₂顶板含油泥岩中黏土矿物以蒙脱石为主，相对含量都在 88%以上，同时含有少量的伊利石和高岭石；煤₂及煤₂底板砂砾岩中黏土矿物以高岭石和伊蒙混层矿物(混层比在 60%～70%)为主，同时含有少量的伊利石。

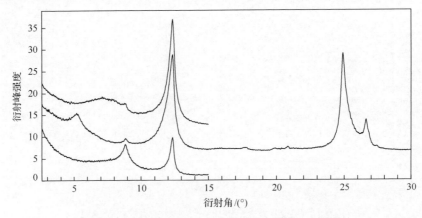

图 2-20　煤₂底板砂砾岩黏土矿物 X 射线衍射谱图

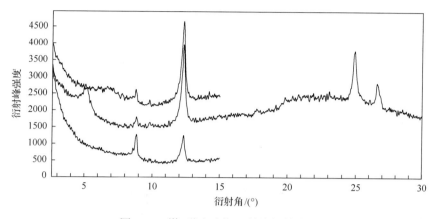

图 2-21 煤$_2$黏土矿物 X 射线衍射谱图

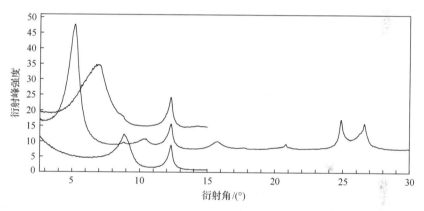

图 2-22 煤$_2$顶板含油泥岩黏土矿物 X 射线衍射谱图

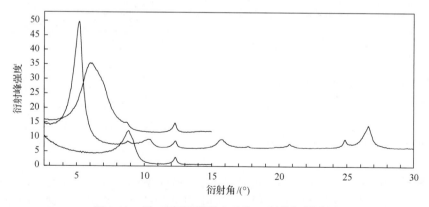

图 2-23 煤$_1$底板泥岩黏土矿物 X 射线衍射谱图

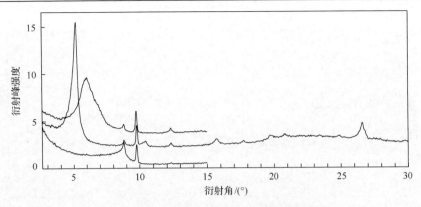

图 2-24 煤₁黏土矿物 X 射线衍射谱图

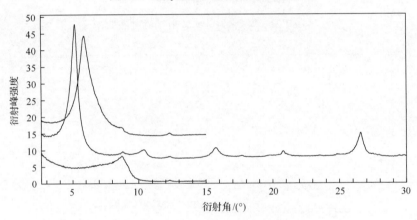

图 2-25 煤₁顶板含油泥岩黏土矿物 X 射线衍射谱图

表 2-3 黏土矿物 X 射线衍射分析结果表

分析号	岩石名称	黏土矿物相对含量/%					混层比/%		
		S	I/S	I	K	C	C/S	I/S	C/S
1	煤₁	91		6	3				
2	煤₁底板泥岩	89		5	6				
3	煤₁顶板含油泥岩	96		3	1				
4	煤₂顶板含油泥岩	88		1	11				
5	煤₂		30	5	63	2		70	
6	煤₂底板砂砾岩		40	2	58			60	

注：S-蒙脱石；I-伊利石；K-高岭石；C-绿泥石。

根据软岩变形力学机制的理论研究成果，黏土矿物中含有蒙脱石时，岩体的膨胀性较为显著，这种膨胀性与蒙脱石的分子结构特征关系十分密切，蒙脱石的晶体是由很多相互平行的晶胞组成，晶胞间连接不够紧密，可以吸收大量的水分子，因而结构格架活动性大，亲水性强，晶胞之间的 Al^{3+} 可被 Fe^{3+}、Fe^{2+}、Ca^{2+}、

Mg^{2+} 等离子取代而形成蒙脱石组各种不同的矿物。若为二价离子所取代，则在格架中出现多余的游离原子价，提高了吸附能力，有助于增强晶胞间的连接力。由于上述特性，蒙脱石组矿物具有吸水能力强，使体积大大膨胀，甚至使相邻晶胞失去连接力的特性。

由于蒙脱石的相邻晶胞具同号电荷，因而具有斥力，活动性大，并且晶胞之间的沸石水也有一些反离子。当泥岩遇水后，其中的蒙脱石晶胞之间沸石水的一部分反离子逸出，使吸引力减小，水分子挤入，晶胞间距加大，使矿物颗粒本身急剧膨胀。另外，矿物颗粒之间的结合水膜也增厚，这属于胶体膨胀力学机制。由于蒙脱石具有遇水后颗粒内部晶胞间距剧增和粒间结构水膜加厚两种膨胀机制，所以其膨胀量在黏土矿物中是最大的。据测定，Ca 蒙脱石可膨胀到原体积的 7 倍多。

不仅蒙脱石具有上述晶粒内部膨胀机制，伊蒙混层矿物也具有这种膨胀特性，只是伊利石的三层结构中的 SiO_2 比蒙脱石少一些。其上、下两层 Si—O 四面体中的四价硅原子可以被 Al^{3+}、Fe^{3+} 取代，因而游离原子价与蒙脱石不同，在相邻晶胞间可出现较多的一价正离子，有时甚至有二价正离子，以补偿晶胞中正电荷的不足。在软岩中，常见 K^+。故伊利石结晶格架活动性比蒙脱石小，亲水性也低一些。

当黏土矿物中高岭石含量较高时，由于高岭石的结构格架由互相平行的晶胞组成，晶胞之间通过 O^{2-} 与 OH^- 胶结连接，连接力较强，不允许水分子进入晶胞之间，所以其亲水性小，遇水后体积膨胀小。高岭石等黏粒遇到水时，虽然其晶胞之间不允许进入水分子，但其黏粒表面具有游离价原子和离子。这些原子或离子具有静电引力，在土粒表面形成静电引力场。水分子失去了自由活动的能力，距黏粒表面越远，静电引力场的强度越小，水分子失去的自由活动能力越小。完全失去自由活动能力的水分子是胶体中的强吸附层中的强结合水，部分地失去自由活动能力的水分子是胶体中的弱吸附层中的弱结合水。这两部分结合水共同组成水化膜，使黏粒的体积膨胀，其结合水力学性质既不同于液体，也不同于固体，而是介于二者之间的过渡类型。由于黏粒极小，表面积很大，因此这种吸附作用极其明显。这时的黏粒将形成一种胶体，黏粒表面形成很厚的水化膜吸附层，使得黏土在宏观上产生膨胀。

柳海矿深部软岩巷道围岩属于物化膨胀型软岩，并且表现出一定的分子膨胀机制和胶体膨胀机制，巷道的变形和破坏与软岩本身分子结构的化学特性有关。

2.5　柳海矿深部软岩临界深度的确定

2.5.1　深部软岩工程临界深度的概念

深部软岩工程临界深度可作如下定义：随着开采的增加，围岩应力也随之增大，当应力达到某一特定数值，围岩达到一种极限承载状态，超过这个数值围岩将破坏，使围岩应力达到这个特定数值的深度即为深部软岩工程临界深度。

在现场工程实际中，可以根据工程岩体最先开始出现软岩大变形等非线性力学现象的深度来确定深部软岩工程临界深度(H_{crd})。地下巷道工程存在一个临界深度，在其深度以下的地下工程中，巷道围岩的变形破坏明显加剧，地压显现剧烈，出现大变形、岩爆等工程灾害现象。

2.5.2 柳海矿深部软岩矿井临界深度的确定

根据上述定义，当围岩应力达到某一特定数值，围岩达到极限承载状态，超过这个数值围岩将破坏，使围岩应力达到这个特定数值的深度即为临界深度。

根据莫尔-库仑准则，有

$$\tau_{crd} = C + \sigma \tan \phi \tag{2-1}$$

式中，τ_{crd} 为极限剪应力，MPa。

根据理论力学公式，在巷道表面的任意一点有

$$\tau = \sqrt{\frac{1}{6}\left[(\sigma_1 - \sigma_2)^2 + (\sigma_2 - \sigma_3)^2 + (\sigma_3 - \sigma_1)^2\right]} \tag{2-2}$$

当巷道开挖后，$\sigma_3 = 0$，并且有

$$\sigma = \frac{\sigma_1 + \sigma_2}{2} \tag{2-3}$$

根据静水压力假说，假设：

$$\sigma_1 = \gamma H \tag{2-4}$$

假设水平主应力 σ_2 为垂直主应力 σ_1 的一半，即

$$\sigma_2 = 0.5\gamma H \tag{2-5}$$

由式(2-2)~式(2-5)，可得

$$\tau = 0.5\gamma H \tag{2-6}$$

根据临界深度定义：当 $\tau = \tau_{crd}$ 时，$H = H_{crd}$，因此有

$$\tau_{crd} = 0.5\gamma H_{crd} = C + \sigma \tan \phi = C + \frac{\sigma_1 + \sigma_2}{2} \tan \phi = C + 0.75\gamma H_{crd} \tan \phi$$

整理式(2-6)，有

$$H_{crd} = \frac{2C}{\gamma(1 - 1.5\tan\phi)} \tag{2-7}$$

根据现场测试及实验室试验结果，可以分别计算泥岩岩组、砂岩岩组和煤层组的临界深度，如表 2-4 所示。

表 2-4　柳海矿深部软岩工程临界深度

工程岩组	黏聚力/MPa	容重/(kN/m³)	内摩擦角/(°)	临界深度/m
砂岩组	0.8	18	30	308
泥岩组	1.0	16	28	310
煤层组	1.2	17	32	315

根据邻近矿井的类似围岩的巷道变形情况分析，在北皂矿开采二水平，即深度达到 300m 时，巷道出现严重底鼓、长期蠕变等非线性大变形现象，梁家矿和洼里矿等在开采深度达到 300m 后，也出现因严重底鼓和大变形破坏而经过多次返修的情况。因此，综合上述分析和公式计算结果，确定柳海矿深部软岩工程临界深度为 315m。

2.5.3　柳海矿深部软岩矿井的难度系数

根据何满潮的定义，难度系数(D_f)是指地下工程所处深度与其临界深度的比值。因此，深部软岩工程的难度系数可用式(2-8)表示：

$$D_f = \frac{H}{H_{crd}} \tag{2-8}$$

式中，D_f 为深部软岩工程的难度系数；H 为地下工程的实际深度，m。

难度系数(D_f)直接反映的就是地下深部工程稳定性控制的难易程度。

当 $D_f < 1$ 时，表明工程处于线性区间，其工程岩体处于线性工作状态，其力学问题用现有理论均可解决，其稳定性用常规方法即可控制。

当 $D_f \geq 1$ 时，表明软岩工程岩组处于非线性大变形工作状态，其力学问题用现有理论不能解决。

由于柳海矿深部软岩工程临界深度为 315m，埋深约为 500m，所以其难度系数(D_f)为

$$D_f = \frac{H}{H_{crd}} = \frac{500}{315} = 1.59$$

此时，难度系数 $D_f > 1$，该矿软岩工程岩组处于非线性大变形工作状态，其力学问题用现有理论不能解决。

第3章 深部软岩破坏特征分析

由于深部软岩工程复杂的地球物理环境，其围岩破坏较严重，并且破坏原因较复杂。本章以我国最深的、破坏最严重的软岩矿井——柳海矿为例，研究深部软岩工程的破坏现象和特征，并分析巷道变形和破坏的主要原因和直接原因。

3.1 深部软岩工程破坏现象及特征

由于对深部软岩工程特点认识不够，柳海矿前期支护采用了多种支护形式，主要有锚网喷支护、锚网喷与 U 型钢联合支护、钢筋混凝土支护、钢架混凝土支护、浇筑混凝土与 U 型钢联合支护、混凝土砌碹支护和高强度梁式混凝土预制件支护(图 3-1)，试图通过不同的支护方式控制巷道围岩，以使其稳定，但所有使用过的支护方式都未能有效地控制巷道变形，都以失败告终。

柳海矿深部软岩工程巷道围岩变形主要分为两个阶段：第一阶段为巷道形成初期(一般为 7~10 天)的大变形，压力主要源自含油泥岩及泥岩等自身可塑性及上覆岩层自重，巷道揭露含油泥岩后，泥岩的成岩作用力失去平衡，作用力集中释放，时间短，变形量大；第二阶段(7~10 天后)长期流变，主要受巷道上覆岩层压力、构造地应力及岩石膨胀力三种作用力的综合作用。巷道围岩经过前阶段释放成岩作用力后，含油泥岩层面光滑，纵向节理发育，顶板下沉出现活动空间，在重力的作用下，逐渐波及上覆深部岩层，使其作用于巷道。泥岩膨胀力主要表现为巷道底鼓，即锚喷、空气湿度等水渗入底板含油泥岩以及底板承压含水层，补给含油泥岩，致使其吸水膨胀。

3.1.1 深部软岩单轨巷变形破坏特征

不同的支护形式表现出的破坏现象不同，通过现场实际调查，柳海矿深部软岩工程单轨巷破坏现象及特征总结为以下几个方面。

1. 巷道严重冒顶、底鼓和收帮

柳海矿深部软岩工程井底车场原支护形式为：初次支护为锚网喷，然后采用

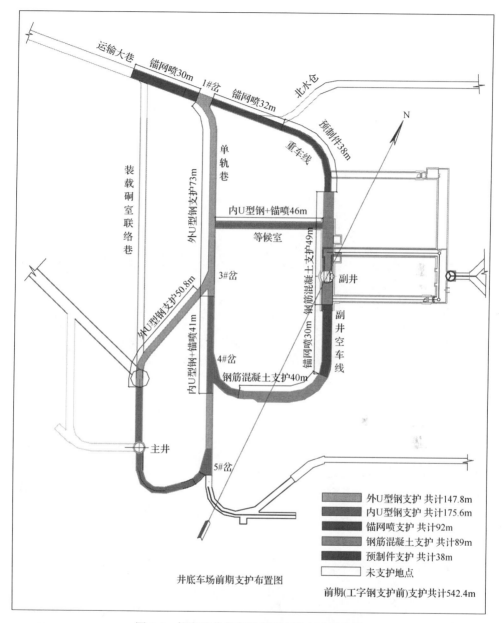

图 3-1　柳海矿井底车场前期支护方式示意图

间距 400mm 的 U29 型钢进行二次支护，最后喷射 150mm 混凝土。如图 3-2 和图 3-3 所示，单轨巷顶板出现严重冒顶，混凝土喷层脱落，钢架出现扭曲变形，弯曲下沉等现象；图 3-4 为单轨巷严重底鼓，挖底处理后揭露的岩层；图 3-5 为单轨巷底板渗水后发生收帮、底鼓、不对称变形等现象。

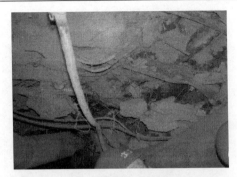

图 3-2 单轨巷严重冒顶

图 3-3 单轨巷顶板冒落、钢架变形

图 3-4 单轨巷严重底鼓

图 3-5 单轨巷收帮、底鼓

2. 钢架大变形

在单轨巷、运输大巷及南北马头门等工程中，使用 U 型钢架作为二次支护，巷道四面来压等影响，造成顶板 U 型钢大变形，扭成"麻花"状(图 3-6，图 3-7)；图 3-8 和图 3-9 为单轨巷帮部钢架弯(扭)曲破坏；图 3-10 为 U 型钢支架大变形破坏，造成顶部下沉；图 3-11 为交叉点部位浇筑混凝土外 U 型钢扭曲大变形破坏情况。

图 3-6 顶板 U 型钢扭曲大变形

图 3-7 U 型钢顶部扭断

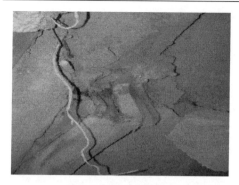

图 3-8　钢架弯曲破坏

图 3-9　钢架扭曲破坏

图 3-10　U 型钢支架大变形破坏

图 3-11　交叉点部位浇筑混凝土外 U 型钢
扭曲大变形破坏

3. 变形不协调破坏

支护体与支护体间刚度或强度不耦合，以及支护体与围岩间刚度不耦合造成支护体破坏，以及支护体间、支护体与围岩间变形不协调破坏。图 3-12 为浇筑混凝土支护与钢架支护变形不协调破坏，图 3-13 为喷射混凝土与钢架联合支护变形不协调破坏。

图 3-12　浇筑混凝土支护与钢架支护
变形不协调破坏

图 3-13　喷射混凝土与钢架联合支护
变形不协调破坏

4. 复合支护不耦合

为了控制巷道变形，在柳海矿深部软岩工程前期支护中采取了复合支护的形式。由于未能准确判断两种支护形式在时间和空间上的耦合作用，复合支护未能取得预想的效果。图 3-14 为锚索支护与围岩变形空间不耦合造成巷道破坏，根据现场观测及理论计算，该区松动圈厚度约为 2.5m，变形区厚度为 5m，但施加的锚索长度仅为 4m，造成锚索支护与围岩变形空间不耦合，使锚索支护未能起到调动深部围岩强度的目的，锚索支护失效，进而造成围岩破坏。

图 3-14　锚索支护与围岩变形空间不耦合造成巷道破坏

3.1.2　深部软岩已施工交叉硐室群变形破坏特征

柳海矿井底车场在施工中多处遇到了 T 字形、Y 字形交叉点硐室群，如 I 号岔、II 号岔、III 号岔、IV 号岔、V 号岔、单轨巷与等候室的交叉点等，在这些交叉点位置尝试采用了锚网喷+锚索、混凝土砌碹、混凝土浇筑和锚索梁+双排 U 型钢等多种支护方式，但都产生了不同程度的变形破坏。对这些硐室群设计失败的教训研究有利于进一步揭示影响立体交叉硐室群稳定性的因素，同时也为提出泵房吸水井合理的支护设计奠定了基础。

1. 柳海矿井底车场交叉点硐室群前期巷道支护形式破坏情况

图 3-15 为柳海矿井底车场交叉点分布平面图，图 3-16～图 3-31 为已施工交叉硐室群的变形破坏照片。

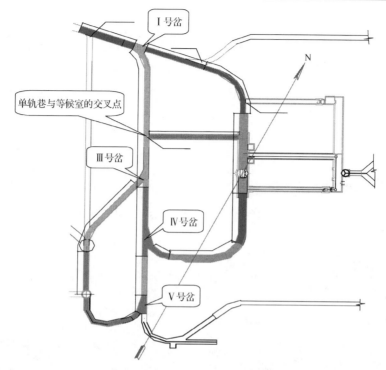

图 3-15　柳海矿井底车场交叉点分布平面图

2. 柳海矿井底车场已施工交叉点硐室群变形破坏情况

柳海矿井底车场交叉点硐室群在施工过程中即发生了严重的变形破坏，从图 3-16～图 3-31 可以看到，巷道两帮严重收缩，顶板下沉与底鼓量极大，部分位置锚索被拉断，U29 型钢被扭成 S 形；帮部锚杆被拉脱，混凝土剥落，严重影响到巷道的正常运营，虽经过多次返修，采用了多种支护技术，但都未取得理想的支护效果。

图 3-16　Ⅲ号岔外 U 型钢+锚杆支护 1

图 3-17　Ⅲ号岔外 U 型钢+锚杆支护 2

图 3-18　Ⅴ号岔外 U 型钢+锚杆支护 1

图 3-19　Ⅴ号岔外 U 型钢+锚杆支护 2

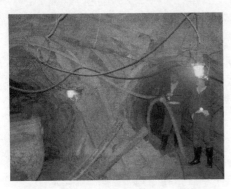

图 3-20　Ⅳ号岔 1 次翻修前外 U 型钢支护

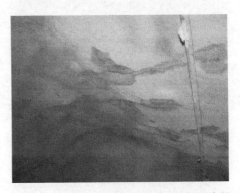

图 3-21　Ⅳ号岔 1 次翻修后浇筑混凝土支护

图 3-22　Ⅰ号岔 Y 字形交叉点外 U 型钢+
单体支柱支护 1

图 3-23　Ⅰ号岔 Y 字形交叉点外 U 型钢+
单体支柱支护 2

图 3-24　重车线与等候室的交叉点浇筑
混凝土支护 1

图 3-25　重车线与等候室的交叉点浇筑
混凝土支护 2

图 3-26　单轨巷与等候室的交叉点双排外
U 型钢支护 1

图 3-27　单轨巷与等候室的交叉点双排外
U 型钢支护 2

图 3-28　底部破坏照片

图 3-29　底部围岩变形破坏照片

图 3-30　U 型钢破坏照片 1　　　　　　图 3-31　U 型钢破坏照片 2

综上可以得出，柳海矿井底车场已施工交叉点硐室群破坏的主要特征如下。

(1)巷道围岩在一些特殊位置发生应力集中，造成支护体与围岩在强度、刚度和结构上变形不协调，从而造成支护体被各个击破，造成整体巷道严重破坏。

(2)巷道的变形破坏具有方向性和规律性。

(3)巷道来压周期长，规律性差，很难预测，一旦压力显现就表现出极强的破坏力。

(4)巷道围岩岩体强度低，具有流变特性，受工程扰动的影响很大。

3.2　深部软岩破坏过程数值模拟研究

为了进一步分析深部软岩破坏原因和机理，本节通过数值模拟的方法再现破坏过程，选取深部软岩矿井中有代表性的支护方式(锚网喷+U29型钢联合支护)为研究对象，采用 FLAC 软件进行模拟，并对结果进行分析。

1. 锚网喷+U 型钢联合支护典型破坏

图 3-32 为锚网喷+U 型钢联合支护典型破坏情况的现场照片。从图中可以看出软岩矿井中使用锚网喷+U 型钢联合支护时，现场底鼓现象非常明显，同时两帮围岩收缩量较大，破坏效果较为严重。

2. 地质工程模型

以柳海矿深部软岩矿井现场工程实际工程地质条件为基础，支护方式为锚网喷+U29 型钢联合支护，建立的工程地质模型如图 3-33 所示。

数值模拟结果如图 3-34 和图 3-35 所示。图 3-34 为不同时步巷道围岩垂直方向位移变化图，图 3-35 为不同时步巷道围岩水平方向位移变化图。

(a) 严重底鼓

(b) 两帮收缩变形

图 3-32　锚网喷+U 型钢联合支护典型破坏情况

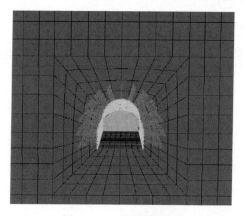

图 3-33　工程地质模型

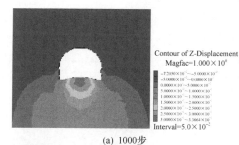
(a) 1000步

(b) 2000步

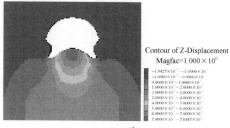
(c) 3000步

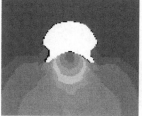
(d) 4000步

图 3-34　巷道围岩垂直方向位移

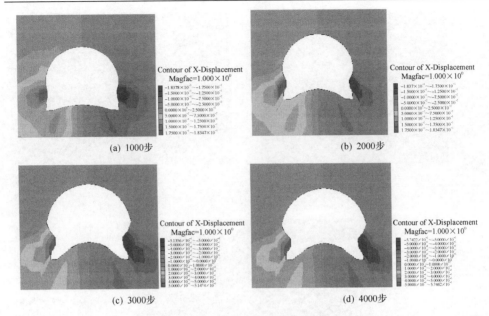

图 3-35　巷道围岩水平方向位移

根据现场实际情况，巷道开挖后，紧跟锚网喷支护后进行钢架支护，通过计算时步模拟破坏的不同过程，可得出如下结论。

(1)巷道底鼓量最大达 870mm，两帮移近量最大达 400mm，顶板下沉量最大达 217mm。巷道围岩初期变形量较大，随着时间的推移，变形速率逐渐减小，但一直处于变化过程中，这与现场实际巷道破坏过程吻合。

(2)U29 型钢支护作为二次支护，巷道开挖后处于"四面来压"状态，而 U型钢架为无底拱的半封闭式结构，并且架间连接较弱，使巷道支护体成为开放结构，造成严重底鼓，并且使围岩性质进一步恶化，底鼓后巷道两侧的变形又会引起帮部和顶部的应力集中，造成帮部和顶部出现较大的变形，进而使巷道破坏。

3.3　深部软岩工程破坏原因分析

通过上述对柳海矿深部软岩工程破坏现象及特征的总结和分析，并且根据有关工程地质条件和矿物分析可以得出，柳海矿深部软岩变形和破坏的原因有如下几个方面。

3.3.1　工程地质条件复杂

1. 围岩赋存深度大，环境地应力水平高

柳海矿深部软岩工程埋深为 500m，其应力水平达到 12MPa，围岩长期处于

高地应力环境中。并且，由于其主要巷道位于柳海断层和草泊断层附近，其受到了较大的构造应力和工程偏应力作用。

2. 节理、裂隙发育，岩体强度低

柳海矿围岩属于古近系工程软岩，岩石成岩较晚，室内岩石力学实验表明，岩块强度平均为 8MPa，岩体强度为 1～2MPa，自重应力与岩体强度的比值为 6～12；从宏观结构和微观结构可以发现其岩体较破碎、节理和裂隙较发育，并且存在较多的微裂隙和孔洞。

3. 围岩的强膨胀性

柳海矿井底车场围岩岩性以含油泥岩、砂质泥岩、泥岩和油页岩为主，泥质含量均较大。通过进行扫描电子显微镜分析、X 射线衍射分析及 550℃加热分析，巷道围岩的黏土矿物含量为 56.6%～60.9%，黏土矿物主要为蒙脱石、伊蒙混层、伊利石、高岭石、绿泥石。其中，膨胀性及吸水性较强的蒙脱石矿物的相对含量为 80%～96%，最高可达 96%，平均为 86%；其混层比多为 60%～70%，最大可达 70%，平均为 65%。因此，巷道围岩易于吸水风化，水稳定性较差，有很强的膨胀性，产生较强的膨胀力，现场测得顶部压力高达 33MPa。

综上所述，在高地应力和高膨胀应力的共同作用下，较低的岩体强度使围岩产生大变形和破坏，并且由于膨胀力的作用，围岩长期蠕变。因此，高应力节理化强膨胀性软岩(HJS)是柳海矿深部软岩工程变形和破坏的根本原因。

3.3.2　支护理论依据不当

1. 沿用传统的浅部线性设计理论

柳海矿深部软岩工程埋深已达到 500m，并且难度系数达 1.65，采用原来的浅部支护的线性理论已不能奏效，应该采用非线性大变形力学设计方法。非线性大变形力学设计方法与线性小变形力学的区别是研究的大变形岩土体介质已进入到塑性、黏塑性和流变性的阶段，在整个力学过程中，已经不服从叠加原理，而且力学平衡关系与各种荷载特性、加载过程密切相关。因此，其设计不能简单地用浅部设计的参数设计来进行，而是首先分析和确认作用在岩土体的各种荷载特性，做力学对策设计；接着进行各种力学对策的施加方式、施加过程研究。

2. 对支护材料的耦合机理认识不足

传统支护方式没有意识到支护材料间、支护材料与围岩间的耦合作用，只是被动地、机械地通过多种支护材料的联合使用，以期增加支护强度，但由于不同

支护材料间刚度、强度等的不耦合，其中一种或几种支护材料没有发挥出应有的作用，最后造成支护失败。在深部软岩工程中，必须考虑支护材料的不同特性，使不同支护材料间达到耦合作用。

3.3.3　支护技术落后

1. 对深部支护的关键技术缺乏应有的了解

在深部软岩巷道工程支护中，应采用非线性软岩大变形设计方法。非线性力学的设计比较复杂，应充分考虑各种因素，并且包括三个设计过程，即力学对策设计、过程优化设计、参数设计。而原支护形式中只进行了参数设计，所以造成巷道破坏。

2. 对支护过程设计缺乏足够的认识

在深部软岩工程中，由于其非线性大变形的特点，其支护设计应考虑过程，并进行相关的过程设计，进行各种力学对策的施加方式、施加过程研究。而在原支护设计和现场施工过程中，没有考虑过程相关性，几种支护方式不分先后同时施加，造成不耦合支护，或者由于没有考虑不同巷道施工的先后顺序，造成巷道间相互扰动，使巷道破坏。

通过以上分析，以及现场调研，发现原支护形式的不合理还主要表现在以下几个方面。

1）没有考虑施工顺序的影响

柳海矿围岩属于古近纪工程软岩，岩石强度极低，表现出极强的流变性，受工程采动的影响很大，这样一种围岩条件下，不同的施工顺序会产生完全不同的应力分布结果，然而原支护技术没有考虑到这一点，更没有相应地进行施工顺序优化。

2）没有考虑支护顺序的影响

从现场的变形破坏照片以及现场调研的结果我们可以分析得出，造成巷道变形的最根本原因是支护体的不均匀受力，换句话说，也就是巷道的不均匀变形以及不合理支护时序造成的。

在软岩巷道中，一直强调一个支护的理念，"让要得体，抗要及时"说的就是这个道理，图3-36中支护时间与支护压力曲线可以更清楚地说明这个问题。

图3-36中1为围岩压力与围岩径向位移的关系曲线，2、3、4分别为不同支护时间的围岩压力与壁面位移的关系曲线。从图中曲线可以看出，如果要有效地利用围岩强度，必须掌握好最佳的支护时间，从而使支护体和围岩之间达到协调变形。

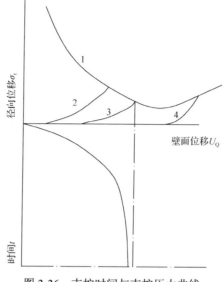

图 3-36　支护时间与支护压力曲线

3.4　泵房吸水井立体交叉硐室群稳定性分析

通过以上分析可知，影响泵房吸水井立体交叉硐室群稳定性的因素主要有地应力、围岩强度、硐室群的结构布置和硐室群的施工顺序。对于地应力及围岩强度的影响 3.3 节已经做了详细的论述，本节主要针对硐室群的结构布置和施工顺序进行进一步的分析研究。

3.4.1　结构布置

传统设计中，泵的个数取决于排水量，并且根据煤矿设计安全需要，一个矿至少需要三台泵，一个正常使用，一个应急，一个备用，同时也需要三个井，一个为配水井，两个为吸水小井。这样的设计使吸水井之间工程采动影响很大，应力集中程度很高，如图 3-37 所示。

中国矿业大学(北京)何满潮教授根据深部软岩的特点，对泵房吸水井的井型进行了集约化设计。吸水井周围的应力集中情况得到明显改善，如图 3-38 所示。

通过以上分析比较可知，结构布置对于立体交叉硐室群的稳定性有着密切的关系，并且也是可以实现设计优化的。

3.4.2　施工顺序

硐室群的结构布置和开挖顺序的优化研究一直是地下硐室群稳定性与优化研究的重点。泵房吸水井立体交叉硐室群结构错综复杂，施工顺序的影响不容置疑。

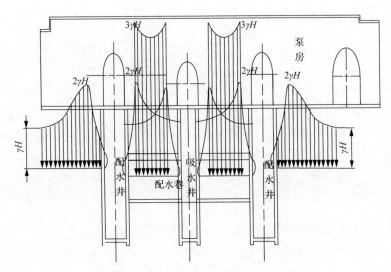

图 3-37 泵房吸水井传统设计应力分布图

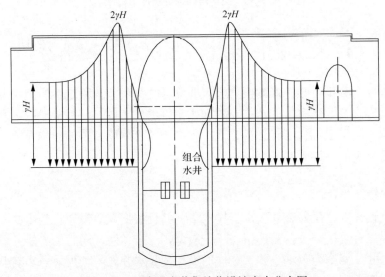

图 3-38 泵房吸水井集约化设计应力分布图

然而由于其自身复杂的结构特点，以及研究手段的限制，对于该地下建筑结构施工顺序的研究，仍然处于起步状态。

本节运用 FLAC 数值分析软件，通过不同施工顺序下的方案比较，进一步证明了施工顺序与立体交叉硐室群稳定性的密切关系，同时也实现了泵房吸水井立体交叉硐室群的施工顺序优化。

3.5 深部软岩巷道底鼓变形分析

3.5.1 深部软岩巷道底鼓特征

柳海矿软岩巷道、硐室的底鼓严重，该矿巷道底鼓的特征主要表现在以下几个方面。

（1）底板所处的特殊的地质条件对巷道底鼓影响很大。柳海矿井底车场巷道围岩岩块强度很低，平均为 8MPa，而岩体的强度只有 1～2MPa。围岩裂隙极为发育，胶结松散，在复合高应力作用下，巷道底鼓严重。柳海矿巷道底板含蒙脱石、伊蒙混层等膨胀性矿物，巷道底板常有积水，产生较强的膨胀力，又加剧了巷道底鼓。

（2）巷道底鼓对应力的变化比较敏感。柳海矿井底车场巷道埋深约 500m，而该矿第一临界深度约为 300m，巷道围岩处于非线性应力状态。而且该矿的巷道布置比较密集，在掘进和返修时，受到动荷载的影响，巷道底鼓量加大。

（3）巷道底鼓具有明显的时间效应，巷道底板岩体持续流变。巷道围岩裂隙发育，岩体比较破碎，大量的膨胀性较强的蒙脱石矿物遇水弱化，岩体强度极低，在高复合应力作用下，巷道底板岩体发生持续流变，发生高应力流变型底鼓。底鼓初始速度大，底鼓速度趋于稳定的时间很长。当总的底鼓量超过一定数值后，底鼓速度还会再度增大，导致底板深部岩层进一步破坏。

（4）底鼓量占巷道变形量的主要部分，底板破坏力强，巷道全断面失稳。巷道围岩四面来压，底板是薄弱环节，首先发生破坏，继而巷道两帮发生破坏，最后整个巷道破坏。现有的支护形式和技术不能解决该矿底鼓严重的难题。

3.5.2 深部软岩巷道底鼓的类型

大量的现场观测和实验室试验研究表明，软岩的扩容、膨胀、弯曲及流变是引起巷道底鼓的主要原因。由于巷道所处的地质条件、底板围岩性质和应力状态的差异，底板岩体鼓入巷道的方式也不同。柳海矿巷道围岩含有大量的蒙脱石等黏土矿物，巷道底板经常积水，在水的作用下，底板岩层遇水膨胀，产生强的膨胀力，巷道底板破坏加剧，这就形成膨胀型底鼓。

柳海矿深部软岩巷道底鼓的时间效应表现比较明显。围岩岩体的强度很低，而巷道又处在复合高应力作用下，底板岩体因两帮高应力的作用将向巷道空间鼓出，时间越长，巷道底鼓量越大，这就形成了高应力流变型底鼓。

通过对柳海矿深部软岩巷道底鼓的综合分析，按其形成机理可分为强膨胀型底鼓、高应力流变型底鼓及复合型底鼓三种。

3.5.3　柳海矿深部软岩巷道底鼓机理

1. 强膨胀型底鼓

柳海矿深部软岩巷道底板经常积水，底板大量的黏土矿物由于吸水岩体发生膨胀，体积增大，发生强膨胀型底鼓。图 3-39 为中国 3 个矿区的膨胀岩浸水后的膨胀时间曲线，随着浸水时间的加长，膨胀岩的膨胀率直线上升，当膨胀率达到 70%左右时，膨胀岩的膨胀率稳定。岩石膨胀引起的巷道底鼓量与支护阻力的关系曲线如图 3-40 所示。支护阻力较小时，底鼓量比较大，随着支护阻力的增大，底鼓量逐渐减小。

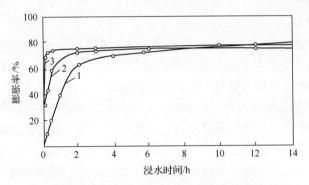

图 3-39　膨胀岩浸水后的膨胀时间曲线

1-龙口含煤泥岩；2-唐山泥化砂岩；3-潘集三号井泥岩

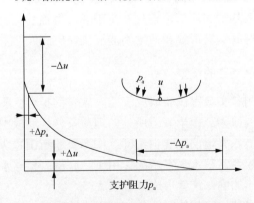

图 3-40　膨胀型底鼓和支护阻力关系的特征曲线

强膨胀型底鼓主要是受水理性质的影响，引起巷道底板岩层膨胀和岩体应变软化造成的。含有大巷膨胀性矿物的巷道底板，在水的作用下，膨胀矿物吸水膨胀，产生较强的膨胀力，底板岩层遭到进一步破坏，同时岩体伴有更多的裂隙产生，从而使得水更容易进入底板更深部的岩层，增加了水与岩石的接触面积，使得更大范围内的底板岩层破坏。底板岩层的破坏,底板深部岩层的裂隙增生和扩大,水在底板岩石中的渗透更为便利,在膨胀性矿物作用下,巷道底鼓加剧范围也随之加大。因此,水的作用是一个使巷道底板岩层强度不断降低和不断破坏的过程。

由于巷道底板含有大量的膨胀性矿物,巷道底板遇水将出现较大程度的膨胀变形。这种方式的底鼓量可以通过膨胀本构方程式(3-1)(一维膨胀本构关系)或式(3-2)(三维膨胀本构关系)来求解。

$$\varepsilon = K\left(1 - \frac{\lg \sigma}{\lg \sigma_0}\right) \tag{3-1}$$

式中,ε 为轴向膨胀应变;σ_0 为最大膨胀应力;σ 为膨胀应力;K 为 $\sigma = 0.1$MPa 时轴向膨胀应变。

$$\varepsilon_V = K\left[1 - \frac{\lg\left(\sigma_V \dfrac{1-\mu}{1+\mu}\right)}{\lg\left(\sigma_{V\max} \dfrac{1-\mu}{1+\mu}\right)}\right] \tag{3-2}$$

式中,ε_V 为体积膨胀应变;σ_V 为第一应力不变量;$\sigma_{V\max}$ 为最大体积膨胀应力;μ 为泊松比。

由于这类方法涉及围岩应力的计算及与岩石扩容本构方程的耦合,因此,计算前经常要做许多简化,而且计算过程非常复杂,计算结果常常不尽如人意。为此,仅对柳海矿深部软岩巷道底板围岩遇水膨胀引起的底鼓量做一估算。

水主要渗透到已发生剪胀变形的围岩中,即渗透区域主要是底板围岩的松动范围,因此,可以在巷道围岩松动圈的基础上来进行估算:

$$U_f = K_s L_p = K_s\left(57.80 \frac{P_0}{R} - 51.56\right) \tag{3-3}$$

式中,U_f 为底板岩层遇水膨胀产生的底鼓量;K_s 为自由膨胀率;L_p 为底板围岩的松动圈厚度;P_0 为地应力;R 为底板岩层的单轴抗压强度。

根据表 2-4 中的岩石力学参数,可以估算巷道底板岩石遇水后产生的底鼓量。当底板岩石为煤$_2$底板泥岩时,底鼓量为 326mm。

2. 高应力流变型底鼓

柳海矿深部软岩巷道底板岩体强度极低,裂隙极其发育,在掘进或刷帮期间作用在顶板和两帮的高应力向底板传递,底板岩体受到传递来的高应力作用而发生弯曲、皱折、离层等流变,底板岩体沿着滑移面被挤入巷道内。随着底板岩体被挤入巷道内的位移量增大，巷道底鼓越来越严重，巷道底板破碎岩体发生持续塑性变形。

柳海矿井底车场巷道底板岩体软弱，强度极低，承载力不足是造成柳海矿巷道高应力流变型底鼓的主要因素。巷道两帮和顶板的支护强度大于底板的支护强度，在两帮岩柱的压模效应和远场地应力的作用下，底板软弱岩层产生塑性变形、流变和扩容，产生高应力流变型底鼓，巷道底板常有积水，水可以大大改变软弱岩体的强度和体积。由于水的渗入，特别是在饱和状态下，岩体的承载力降至最低点，甚至完全丧失，与此同时，增强了岩体的塑性流变。

3. 复合型底鼓

柳海矿深部软岩巷道底鼓不是单一的膨胀型底鼓或高应力流变型底鼓，而是两者的复合。在底板黏土矿物强膨胀力和高应力作用下，巷道底板破坏更加严重，此时的巷道底鼓量大于两者巷道底鼓量之和。

4. 底鼓过程分析

为了进一步对柳海矿深部软岩底鼓机理研究，分别对强膨胀型底鼓、高应力流变型底鼓及复合型底鼓进行数值分析。由于黏土矿物遇水膨胀属于物理过程，FLAC^{3D}程序不能直接进行分析，根据现场实际，利用遇水软化后的参数进行计算。

1) 数值模拟参数

本次模拟对象选取柳海矿重车线有代表性的支护方式(锚网喷+U29型钢联合支护)，采用FLAC^{3D}软件进行模拟，对底板破坏机理进行分析研究。数值模拟采用莫尔-库仑弹塑性模型，其中主要涉及的岩体物理、力学参数为剪切模量(shear)、体积模量(bulk)、密度(density)、内摩擦角(friction)及黏聚力(cohesion)，而弹性模型中主要参数为剪切模量、体积模量。

剪切模量和体积模量可根据岩体的弹性模量和泊松比依据下式求得：

$$K = \frac{E}{3(1-2\mu)} \tag{3-4}$$

$$G = \frac{E}{2(1+\mu)} \tag{3-5}$$

式中，K为材料的体积模量；G为材料的剪切模量；E为弹性模量；μ为泊松比。

模型中采用的参数以实际工程参数为准，并根据临近巷道及临近矿区相关参数，对数值模型所需的各参数进行综合取值，具体参数见表3-1。

表 3-1　数值模拟计算参数表

岩性	抗拉强度/MPa	弹性模量/10³MPa	容重/(kN/m³)	泊松比	内摩擦角/(°)	黏聚力/MPa
泥岩	0.78	0.98	1662	0.28	31.6	0.7
含油泥岩	1.1	1.18	1510	0.30	36	0.9
煤₂	0.2	1.5	1280	0.28	24	1.2
泥岩砂砾互层岩	1.0	3.138	2370	0.25	34	0.8

巷道采用直墙半圆拱形，掘进毛断面位 2900mm×3310mm，其中直墙为 1860mm。

锚杆：ϕ18mm×2000mm 螺纹钢锚杆，锚杆间排距为 800×800mm。

网：ϕ4mm 冷拔钢丝金属网，网的规格为 1000mm×2000mm。

钢架：采用 U29 型钢架，排距 3 架/m。

混凝土：喷射混凝土厚度为 100mm。

2）模型的网格划分

应用有限差分程序 FLAC^{3D}，构建如下三种支护工况的三维计算模型。计算范围长×宽×高＝20m×30m×30m，共划分 35280 个单元，386882 个节点。该模型侧面限制水平移动，底部固定，模型上表面为应力边界，施加的荷载为 12MPa，模拟上覆岩体的自重边界。工程岩体的物理力学计算参数见表 3-1。

3）巷道支护模型

以重车线锚网喷+U29 型钢支架支护形式为例，建立支护工程模型，如图 3-41 所示。

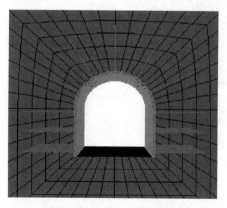

图 3-41　支护工程模型

4）数值模拟结果分析

图 3-42 为高膨胀型底鼓分析结果，通过模拟巷道底板破坏过程可以看出，巷

道出现大变形，巷道底鼓比较严重。巷道底鼓量最大数值为 345mm，模拟结果和底板底鼓量估算量基本吻合。

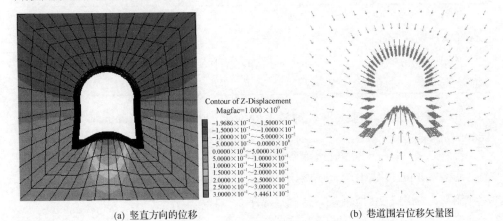

(a) 竖直方向的位移　　　　　　　　　　　　(b) 巷道围岩位移矢量图

图 3-42　高膨胀型底鼓位移图

图 3-43 为高应力流变型底鼓分析结果，从图中可以看出，巷道底板在高应力作用下，出现了大变形，同时顶板和两帮也出现较大的变形破坏。巷道底鼓量为 693mm，顶板下沉量为 201mm。由此可以看出，高应力流变型底鼓量大于高膨胀型底鼓量。从两种类型底鼓的位移矢量图中可以看出，底板围岩移动方向也大不相同。

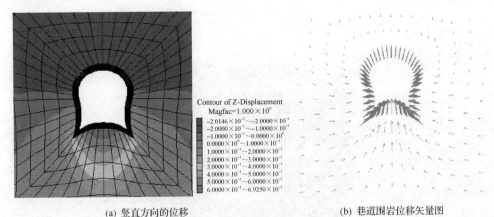

(a) 竖直方向的位移　　　　　　　　　　　　(b) 巷道围岩位移矢量图

图 3-43　高应力流变型底鼓位移图

图 3-44 为两者复合型底板破坏的过程分析，巷道底鼓量为 1254mm，顶板下沉量为 288mm。从分析结果可以看出，复合型底鼓量大于高膨胀型底鼓量和高应力流变型底鼓量之和，高膨胀型底鼓量和高应力流变型底鼓量分别占总底鼓量的 27.5%和 55.3%，17.2%的底鼓量为两者复合增加值。这说明在底板黏土矿物膨胀

和高应力共同作用下，加剧了巷道底板的破坏。

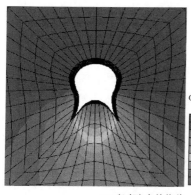

(a) 竖直方向的位移　　　　　　　　　　　　(b) 巷道围岩位移矢量图

图 3-44　复合型底鼓位移图

由于巷道开挖后处于"四面来压"状态，U29 型钢支护(无底拱的半封闭式结构)作为二次支护，使巷道支护体成为开放结构，且巷道底板岩体强度极低，又含有大量的膨胀性矿物，在高复合应力和底板水的作用下，巷道底板变形破坏加剧，同时又会引起帮部和顶部的应力集中，造成帮部和顶部出现较大的变形，进而使巷道整体破坏。通过过程分析，可得出如下的结论。

(1)锚网喷+U29 型钢支架支护形式(不封闭)不合理，造成巷道底鼓严重。

(2)在底板膨胀性矿物和高应力共同作用下产生的底鼓量大于两者分别作用下的底鼓量之和。

(3)底板岩性、围岩应力及支护形式为巷道底板岩层稳定性控制的三个主控要素。

5. 深部软岩巷道底鼓的主要影响因素

巷道底鼓的影响因素很多，但是不同巷道底鼓产生的原因有一定的差别。对柳海矿深部软岩巷道底鼓而言，影响因素归纳起来通常在于两个方面：一个是围岩底板岩性、围岩应力和水理作用(自然因素)；另一个是支护形式和强度、巷道施工顺序及巷道布置(人为因素)。经研究，柳海矿巷道底鼓的主要影响因素分析如下：

1)围岩岩性

柳海矿属新生代古近纪矿井，围岩胶结程度差，以含油泥岩、泥岩、油页岩、钙质泥岩为主，含有大量的蒙脱石等膨胀性矿物，一方面围岩遇水膨胀，另一方面岩石在浸水或风化条件下软化崩解而松散破碎。而这两方面又是相互影响的，遇水膨胀加剧了松散破碎；松散破碎的岩石更容易让水浸入岩体深部，从而加剧遇水膨胀。两方面共同作用的结果是围岩强度越来越低，同时产生大量的膨胀变形量，使得该巷道容易产生底鼓。底鼓的产生不仅与底板围岩有关，而且与两帮围岩有关，巷道顶板下沉及两帮收缩对底鼓有非常重要的影响，二者呈近似线性关系。

2) 围岩应力

柳海矿巷道围岩成岩时间短，节理裂隙极为发育，胶结松散，围岩强度极低，岩体强度仅有 1~2MPa。而井底车场巷道埋深约 500m，应力水平高达 12MPa，应力与岩体强度的比值为 6.0~12.0。该矿地质构造非常复杂，存在较强的构造应力，同时，由于围岩含有大量的蒙脱石等膨胀性黏土矿物，遇水后产生较强的膨胀力。围岩在复合高应力的作用下，变形加剧，巷道底鼓尤为突出。

3) 水理作用

柳海矿井底车场巷道底板往往积水，浸水后的巷道底板往往产生严重的底鼓，一般表现为三个方面：

(1) 底板岩层浸水后，其强度降低，从而更容易破坏。

(2) 泥质胶结的岩层，浸水后易破碎、泥化、崩解，甚至强度完全丧失。

(3) 底板岩层中含有大量的蒙脱石、伊利石等膨胀性矿物，浸水后会产生膨胀性底鼓。因此，巷道积水问题的治理是控制巷道底鼓的重要环节。

当水进入岩体裂隙后，减少了岩块间的黏聚力，同时膨胀性矿物遇水膨胀，产生较强的膨胀力使岩体进一步破碎、松散，破坏了其完整性，使承载能力大大降低。水还减小层间黏聚力，从而形成滑移面，使岩体分层，降低了岩体的抗拉压能力，底鼓突出。大部分水渗入巷道底板内，使底板岩体和部分巷旁岩体长期受到水理、风化作用，愈发加剧了围岩向巷道自由空间内的挤入趋势，加剧巷道底鼓量。

4) 支护形式和强度

柳海矿巷道受到构造应力、自重应力、工程偏应力和物化膨胀应力等复合应力作用，巷道四面来压，而岩体强度又极低，巷道处于非线性高应力状态，现有的支护形式对柳海矿复杂地质条件的软岩巷道不能奏效。针对该矿高应力节理化强膨胀性软岩(HJS)，只有在允许范围内充分释放变形能，支护体有一定的强度和刚度控制围岩的复合高应力，与围岩变形协调，才能有效支护该矿软岩巷道，底板才能够保持稳定。

柳海矿巷道原支护分别采取锚网喷+U29型钢全封闭可缩性联合支护、600mm钢筋混凝土支护、钢筋混凝土预制件全封闭支护等先进支护形式，但支护不久，巷道原支护型式相继破坏，底鼓尤为突出。

钢筋混凝土、钢筋混凝土预制件等支护属于刚性支护，其特点是初期支护强度高，没有可缩性，在不均匀高复合应力下，混凝土脱落，钢筋外露，钢筋不能起到骨干作用，支护体强度将逐步丧失，支护体遭到破坏。在非线性高应力作用下，混凝土与钢筋在强度和刚度上不能达到耦合。支护体充填不实，支护体不能均匀受力，不能发挥整体支护作用，支护体局部破坏，最终导致支护体全部破坏，这表现出支护体与围岩结构不能达到耦合。国内外软岩巷道支护实践证明，刚性支护形式不适合软岩巷道大变形、大地压、长期流变的特点。

U 型钢可缩支架支护尽管能收缩变形，但是收缩量比较小。而且 U 型钢可缩支架间多数无拉杆连接，往往单兵作战；有拉杆的，强度也不能满足要求，拉杆被拉断，无法发挥整体支护能力。U 型钢反底拱不能收缩时，发生弯曲被抬起，底鼓严重。

采取合理的支护形式和提高支护体强度，且在强度、刚度和结构上与围岩耦合是控制底鼓的关键。

5）巷道布置

柳海矿井底车场各巷道相距比较近，巷道之间不仅在开掘巷道（返修扩刷）产生动荷载和引起的应力重新分布等方面相互影响，而且两巷之间切割出的岩柱在断层的切断破坏作用下，被切割成一块块具有滑移弱面的岩块，这些岩块在各种外力的作用下，产生沿滑移弱面的移动趋势，这种趋势最终演化成外力作用在支护结构上，使断裂破坏带周围巷道支护结构的受力和变形破坏（包括底鼓程度）要比其他地区高出许多，井下巷道的实际破坏情况已证实了这一论点。

6）施工顺序

在柳海矿井底车场巷道间距离比较近，各巷道施工过程中必然相互影响，造成巷道变形量加大。只有采用合理的施工顺序，才能尽可能减少巷道间的施工扰动，保持巷道稳定。此外，该矿围岩含有大量的蒙脱石等膨胀性矿物，在巷道施工中，初步支护后，就紧跟迎头进行二次支护（图 3-45），而且架后不留变形空间，没有充分释放变形能，致使变形能大量积聚，很快巷道遭到破坏。

图 3-45　二次支护紧跟迎头施工

在巷道底鼓影响因素中,前三个是客观(自然)的因素,后面三个是主观(人为)的因素。从底鼓的产生来看,必然存在客观和主观两方面因素的共同作用。对柳海矿井底车场巷道来说,围岩岩性、围岩应力、水理作用、支护形式和强度是产生底鼓的非常重要的因素。而就巷道目前的底鼓控制而言,能够采取改善措施的因素只有围岩应力状态、水的作用、支护形式和强度、施工顺序。采用合理的施工顺序、支护形式和提高支护强度是控制底鼓的关键环节。

第4章 深部软岩工程非线性大变形力学设计

如果以经验类比、刚体力学平衡和线性小变形力学理论为基础的常规设计理论和方法对于小变形硬岩工程支护设计尚能奏效，对于大变形软岩工程支护设计就必须采用大变形力学设计理论和方法。

常规方法遵循的刚体力学或小变形力学理论，研究的介质对象是不变形体或弹性体，在力学分析过程中，服从叠加原理，并与荷载的特性、加载的过程无关，因此，其设计方法就是参数设计。

对大变形岩土工程而言，其标志是进入了显著塑性变形阶段，其设计必须依据非线性大变形力学理论。但迄今为止，虽然非线性大变形力学理论的研究很多，但非线性大变形力学与线性小变形力学的区别是其研究的大变形岩土体介质已进入到塑性、黏塑性和流变性的阶段，在整个力学过程中，已经不服从叠加原理，而且力学平衡关系与各种荷载特性、加载过程密切相关。因此，其设计不能简单地用参数设计来进行，而是首先分析和确认作用在岩土体的各种荷载特性，作力学对策设计；接着进行各种力学对策的施加方式、施加过程研究。

实践证明，相同的力学对策，不同的过程，其效果截然不同。所以，首先要进行过程优化设计，然后对应着最佳过程再进行最优参数设计。

4.1 深部软岩工程支护原则

软岩工程支护已成为目前影响煤矿生产的关键技术问题，其难点在于设计思想及支护观念的更新和改变。不合理的设计及施工工艺给国家造成的经济损失是难以估计的。因此，从理论上阐述深部软岩工程支护原则十分重要。软岩工程支护原则可以概括为四条：①"对症下药"原则；②过程原则；③塑性圈原则；④优化原则。

4.1.1 "对症下药"原则

软岩巷道支护要"对症下药"，没有"包治百病"的支护方法。软岩多种多样，即使宏观地质特点类似的软岩，微观上也千差万别，构成的软岩的复合型变形力学机制类型亦多种多样。不同的变形力学机制，软岩工程的变形和破坏状况不同，对应的支护对策也不同。只有正确地确定软岩的变形力学机制，找出造成软岩工程变形破坏的"病因"，才能通过"对症下药"支护措施，达到软岩工程与支护的稳定。

4.1.2　过程原则

软岩巷道支护是一个过程，不可能一蹴而就。究其本质原因，软岩工程的变形与破坏是具有复合型变形力学机制的"综合征"和"并发症"，要对软岩工程稳定性实行有效控制，必须有一个从"复合型"向"单一型"的转化过程。这一过程的完成是依靠一系列"对症下药"的支护措施来实现的。

4.1.3　塑性圈原则

与硬岩工程支护的指导思想不同，软岩工程支护允许出现塑性圈。硬岩工程支护是力求控制塑性区的产生，最大限度地发挥围岩的自承能力；软岩工程支护是力求有控制地产生一个合理厚度的塑性圈，最大限度地释放围岩变形能。这是由软岩的成因历史、成岩环境、成分结构及其岩石力学特性所决定的。

对软岩工程稳定性控制来讲，塑性圈的出现具有三个力学效应：①大幅度地降低变形能；②减少了切向应力集中程度；③改善了围岩的承载状态。应力集中区向深部偏移，而内部围岩处于三向受力状态，承载能力较强。

塑性圈不能任意自由地发展，必须从两个方面加以控制。

(1)控制变形速率。变形速率越慢，围岩在保持原有强度的前提下，允许变形量越大，释放的变形能越大。

(2)控制差异性变形。煤系地层中软弱夹层的发育具有普遍性，软弱夹层等结构面具有差异性变形的力学特点，必须加以控制，才能出现均匀的塑性圈，使支架承受均匀荷载。

本节要建立一个很重要的岩石力学概念，即硬岩工程的塑性圈可以看作松动圈，而软岩工程的塑性圈不一定是松动圈。而且我们的任务就是要寻求一个最佳塑性圈厚度(对软岩巷道支护来讲)，即寻求不失去塑性承载能力(不产生松动圈)的塑性圈临界厚度。

4.1.4　优化原则

一个优化的软岩工程支护，要同时满足三个条件：①能充分地释放围岩变形能；②能充分地保护围岩的力学强度；③使支护造价小而工程稳定性好。这个力学过程目前已可以用计算机自动监控分析技术来实现。

上述四个原则互为印证，相辅相成，构成了软岩工程稳定性控制原则。

4.2　深部软岩巷道非线性大变形力学设计方法

随着深部工程建设的逐渐开展，越来越多地与深部相关的问题也随之出现，这些问题用原来的浅部工程的线性理论无法解释，并同时使很多深部设计仍然采用浅部工程的设计方法，造成了很多相关的损失。近年来，非线性理论的发展给深部软岩工程的设计提供了思路，非线性理论强调过程相关性和荷载的不可叠加性，这两点和深部软岩工程出现的大变形、大地压等工程现象有很好的契合点，因此，何满潮教授根据软岩工程力学支护理论的研究成果首先提出了非线性大变形设计方法，当时提出该方法主要是应用于软岩工程设计，但在深部软岩工程设计中该方法也是完全适用的。因为，深部软岩工程是软岩工程在深部的一种特例，只是所处的地球物理环境更加复杂，处于更高的地应力、更高的地温以及更高的岩溶水压作用下，并且处于强烈的工程扰动的影响，但仍然在非线性大变形理论研究范围内。

4.2.1　设计的内容和特点

非线性大变形力学区别于线性小变形力学是其研究的大变形岩土体介质已进入到塑性、黏塑性和流变性的阶段，在整个力学过程中，已经不服从叠加原理，而且力学平衡关系与各种荷载特性、加载过程密切相关(图 4-1～图 4-4)。因此，其设计不能简单地用参数设计来进行。

非线性软岩工程力学耦合设计是以工程岩体力学理论为基础而提出来的，它能解决岩体力学在实际工程中不能解决的一些问题，如工程岩体结构的唯一性问题、工程岩体的连续性问题、工程岩体本构关系的确定问题、工程岩体的大变形问题、工程岩体的强度确定问题等。

非线性软岩工程力学耦合设计与传统的线性力学设计有本质的不同。

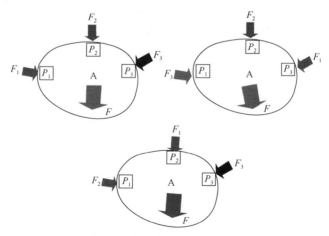

图 4-1　小变形状态下作用力服从叠加原理
F_1～F_3 为不同方向的 3 个力；P_1～P_3 为不同方向力的做功功率

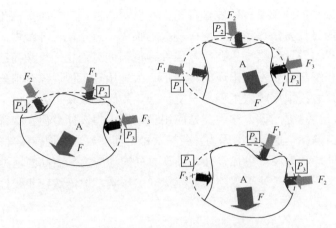

图 4-2　大变形状态下作用力不服从叠加原理

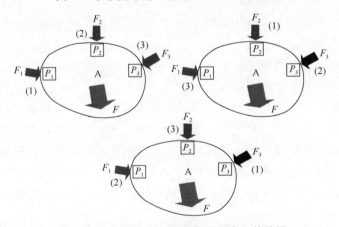

图 4-3　小变形状态下荷载作用顺序及其效果

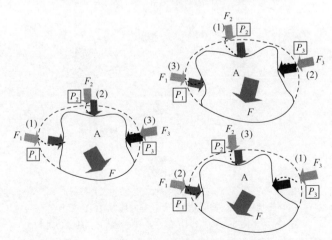

图 4-4　大变形状态下荷载作用顺序及其效果

　　(1)线性力学特点。①线性力学的变形很小,是小变形;②线性变形的能量场是保守场,能量在变形过程中不损失;③线性力学中的作用力是可加的;④线性力学作用力的施加与过程无关,作用力的施加顺序对计算结果没有影响;⑤线性力学的计算结果与每个分力的性质无关,与合力有关。

　　线性力学的这些特点决定了线性力学的设计是参数设计。

　　(2)非线性力学特点。①非线性力学的变形可以是大变形;②非线性力学的能量场是耗散场,能量在变形过程中有损失;③非线性力学中的作用力是不可加的;④非线性力学作用力的施加与过程有关,作用力的施加顺序不同,计算的边界条件有所改变,计算结果有很大差别;⑤非线性力学的计算结果与每个分力的性质有关。

　　非线性力学的这些特点决定了非线性力学的设计比较复杂,应充分考虑各种因素,采用如下设计过程。①对策设计,首先分析和确认作用在岩土体的各种荷载特性,作力学对策设计;②过程优化设计,进行各种力学对策的施加方式、施加过程研究,实践证明,相同的力学对策,不同的加载过程,其效果截然不同,所以要进行过程优化设计;③参数设计,在以上设计的基础上对应着最佳过程再进行最优参数设计。

　　软岩工程支护设计与常规工程支护设计的特点比较参见表 4-1。

表 4-1　软岩工程支护设计与常规设计的特点比较

设计方法	依据	介质特性	叠加原理	加载过程	荷载特性	能量场	工程设计方式
常规工程设计	经验刚体力学 线性力学	刚体弹性	可加	无关	无关	保守场	参数设计
软岩工程支护设计	非线性大变形力学	弹塑性 黏塑性 流变性	不可加	紧密相关	密切相关	耗散场	力学对策设计 过程优化设计 最优参数设计

　　深部软岩工程非线性大变形设计可以概述为:深部软岩工程破坏的主要原因是支护体与支护体间、支护体与围岩间的变形不协调、不耦合,不耦合破坏主要包括强度不耦合、刚度不耦合和结构不耦合。因此,深部软岩工程的支护设计方法应该从其所处的复杂地球物理环境入手,探究其变形和破坏的真正原因,分析其变形和破坏的力学机制,对症下药,根据不同的变形和破坏的力学机制,采取合适的转化技术和转化过程,使复合型转化为单一型。深部软岩工程支护不可能一次完成,应在不同的时间采取不同的支护方式,允许其有一定的变形,以释放变形能,并在适当时间有足够的强度以承载围岩的应力,使深部软岩工程稳定。

4.2.2　设计的基本步序

　　软岩巷道的变形与破坏,实质上是巷道围岩在工程力作用下产生塑性大变形的一种力学过程。传统的支护设计只强调支护体的强度而对软岩巷道非线性大变形机理研究不够，本设计方法将从判定是否进入了软岩状态入手，确定软岩巷道的变形力学机制，进行对策设计和过程优化设计。过程优化设计则是本书研究的重要内容，最后才进行参数设计。在全面收集资料的基础上，按照软岩巷道支护理论，进入软岩非线性力学与工程设计阶段的准备内容：①是否进入软岩状态的判别；②软岩的种类判别；③软岩的复合类型确认；④软岩巷道的变形力学机制；⑤软岩巷道变形力学机制的复合型判断；⑥初次耦合支护设计；⑦关键部位的判别及类型；⑧关键部位空间位置确定；⑨关键部位耦合支护设计。

软岩巷道工程非线性力学耦合支护设计的步序如图 4-5 所示。

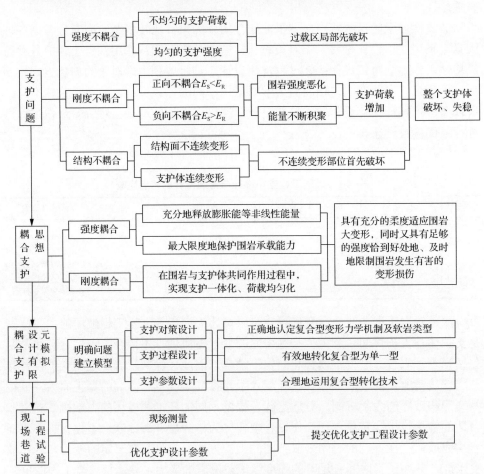

图 4-5 软岩非线性力学耦合支护研究的基本步序

E_S. 支护钢度；E_R. 围岩强度

4.3　软岩巷道支护非线性大变形力学设计数值分析

由于软岩巷道在开挖后表现出的力学效应是非线性的，传统的用连续介质力学，如弹性力学乃至一般的弹塑性力学方法进行稳定性分析与工程设计是不符合实际的。因此，必须按照软岩巷道支护理论，采用非线性力学设计方法进行软岩巷道的工程设计。数值计算法作为求解软岩工程问题的有力工具，随着计算机的发展，已吸引越来越多的科技和工程人员，并在软岩工程中取得了重大的进展。通过有限元数值模拟来探讨复杂构造条件下软岩巷道设计理论与方法，研究复杂构造条件下软岩巷道的与开挖过程有关的非线性大变形规律。

4.3.1　线弹性小变形模型的变形特征

为了对比复杂构造条件下软岩巷道的变形特征与常规设计方法中将研究的介质对象视为线弹性体的区别，首先利用线性小变形力学理论，对不同的开挖过程进行模拟。

1. 计算模型

本模型的数值分析是以线性小变形力学理论为基础，将岩体介质视为理想的线性、弹性且均质的工程岩体，岩性单一，且内部没有发育任何节理或断层，岩层呈倾斜分布，应用线弹性有限元方法对其进行了研究，地质模型图如图 4-6 所示。

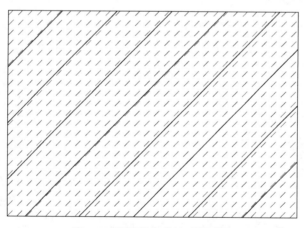

图 4-6　线弹性岩体地质模型图

为了研究巷道开挖过程对巷道围岩的应力及变形所产生的影响，采用两种方案。

方案一：开挖顺序为从上到下分五步开挖。

方案二：开挖顺序为从下到上分五步开挖。

本模型主要是为了与复杂构造条件下的软岩巷道进行对比而计算的，所以在选择参数时，主要根据兖州矿务局东滩矿的具体情况，应用的是其岩石母体材料的参数。岩石的主要物理力学参数如表 4-2 所示。

表 4-2　线弹性小变形模型岩石物理力学参数表

容重/(kN/m³)	弹性模量/kPa	泊松比	黏聚力/kPa	内摩擦角/(°)	抗拉强度/kPa
25.3	$1.0×10^6$	0.28	3000.0	30.0	2000.0

2. 计算结果分析

巷道开挖第五步的主应力矢量图、剪应力等值线图、变形图分别如图 4-7～图 4-12 所示。从数值模拟结果得知，在线弹性条件下，即使存在两种不同的开挖过程，围岩的变形受开挖过程的影响也不大，应力和变形是基本对称的且巷道围岩的变形较均匀。

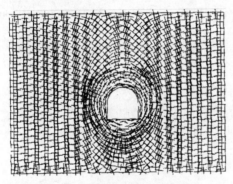

图 4-7　方案一主应力矢量图

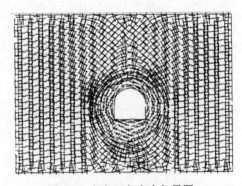

图 4-8　方案二主应力矢量图

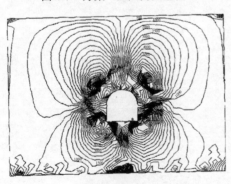

图 4-9　方案一剪应力等值线图
（单位：MPa）

图 4-10　方案二剪应力等值线图
（单位：MPa）

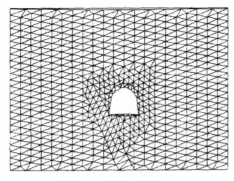
图 4-11　方案一变形图

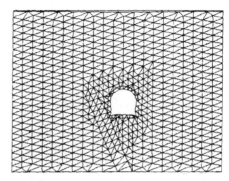
图 4-12　方案二变形图

4.3.2　大断面硐室非线性大变形力学分析

1. 计算模型

硐室断面形状为直墙半圆拱，断面尺寸为 14m×8m，硐室长度为 15m，假定岩体为均质体，处于静水应力状态（12.5MPa），应用三维有限差分计算程序（FLAC³ᴰ）进行计算，材料破坏模式采用应变软化模型，计算参数见表 4-3。

表 4-3　大断面硐室岩石物理力学参数表

体积模量/Pa	剪切模量/Pa	抗拉强度/Pa	黏聚力/Pa	内摩擦角/(°)
$3.0×10^9$	$1.38×10^9$	$5×10^5$	$1.8×10^6$	30.0

模型底边固定，两侧限制水平运动，模型计算范围宽×高×长为 50m×55m×30m，模型网格划分如图 4-13 所示。

采用分层导洞法施工，将硐室自上而下分成 3 个分层，分层高度分别为2500mm、2500mm 和 3000mm，硐室断面再划分为 7 个区域，采用下行法和上行法两种开挖方案，如图 4-14、图 4-15 所示。图中字母 A～E 代表各个区域，数字1～15 代表开挖顺序及对应区域的开挖量。具体开挖顺序如下：

（1）下行法开挖顺序为：1（A）→2（A）→3（B;C）→4（A）→5（B;C）→6（D;E）→7（A）→8（B;C）→9（D;E）→10（A）→11（B;C）→12（D;E）→13（B;C）→14（D;E）→15（D;E）。

（2）上行法开挖顺序为：1（A）→2（A）→3（B）→4（C;D;E）→5（A）→6（B）→7（C;D;E）→8（A）→9（B）→10（C;D;E）→11（A）→12（B）→13（C;D;E）→14（B）→15（C;D;E）。

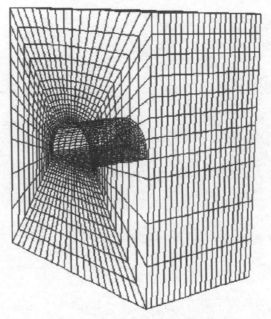

图 4-13 大断面硐室模型网格划分

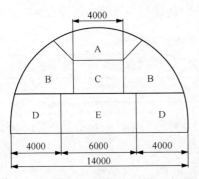

图 4-14 下行法开挖方案及开挖顺序(单位：mm)

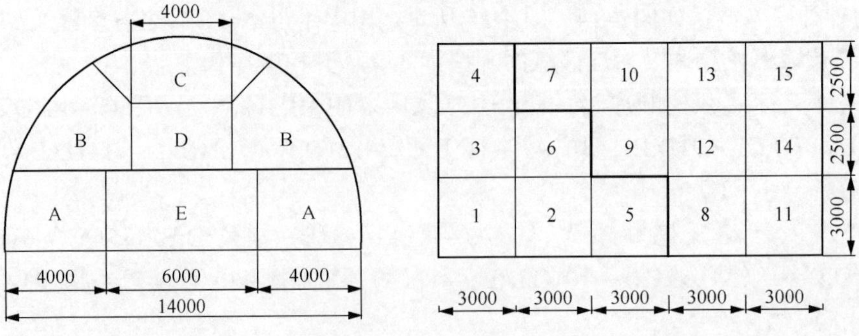

图 4-15 上行法开挖方案及开挖顺序(单位：mm)

2. 计算结果分析

图 4-16、图 4-17 所示的是两种开挖方案硐室顶、底板围岩的塑性区分布情况。由图中可以看出，在硐室径向方向，两种开挖顺序围岩塑性区深度基本相同，约为硐室宽度的 0.5 倍，但整个塑性区范围有较大的差异。从端头超前影响范围来看，上行法比下行法有所增加；端头后面的塑性区范围变化比较明显，尤其是底板的塑性区范围，上行法比下行法明显增大，说明在相同条件下，硐室围岩的塑性区范围随开挖方案的不同，与在硐室围岩不同部位的加卸载历史过程是紧密相关的。

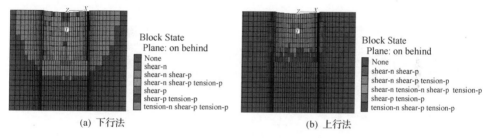

图 4-16　顶板塑性区范围

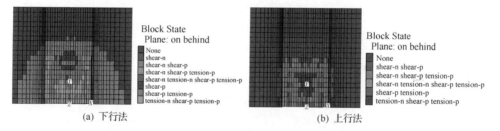

图 4-17　底板塑性区范围

Block State-塑性状态；None-无；Shear-n-正在受剪；Shear-p-过去受剪；tension-n-正在受拉；tension-p-过去受拉

两种开挖顺序时硐室围岩顶、底板的位移分布差别较大，如图 4-18、图 4-19 所示。下行法施工时，由于开挖是自中间上部开始，逐步向下分层施工形成正台阶工作面，因此硐室底板位移不大，但在硐室中部顶板产生较大的位移，且最大位移发生在硐室拱肩部，硐室后端两帮拱基线处也产生了大的位移(图 4-18)。采用上行法开挖时，从硐室两帮开始掘进，向上由周边到硐室中间逐步形成倒台阶工作面，它的位移分布与下行法相比有明显的不同，除了在两帮产生较大位移外，在拱基线处发生了更大的位移，而硐室顶板拱肩处不再产生大位移现象(图 4-19)。表 4-4 是下行法和上行法硐室围岩最大位移比较结果。结果表明，下行法最大位移发生在顶板，其最大位移比上行法大近 20%；上行法最大位移出现在顶板，其最大位移与下行法相比增加了 38%～41%。由此可见，大断面硐室在确定开挖方案时，必须考虑不同开挖顺序围岩的大变形力学特征以及围岩的物理力学性质等综合分析而定。

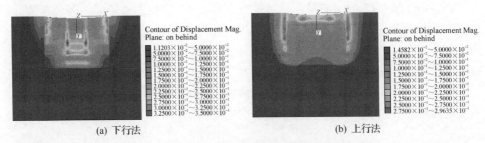

(a) 下行法　　　　　　　　　　　　　(b) 上行法

图 4-18　顶板位移分布

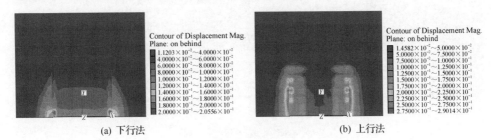

(a) 下行法　　　　　　　　　　　　　(b) 上行法

图 4-19　底板位移分布

表 4-4　两种开挖方法硐室位移比较表

开挖方法	最大位移/mm		最小位移/mm	
	顶板	底板	顶板	底板
下行法	325～350	200～206	11～50	11～40
上行法	275～296	275～290	15～50	15～50

4.3.3　交叉点非线性大变形力学分析

为了进一步说明非线性大变形力学的过程相关性，选用交叉巷道不同开挖顺序时的顶、底板变形特征和塑性区范围，研究开挖顺序对它们的影响。

1. 计算模型

选用 Y 字形交叉点，巷道断面皆为直墙半圆拱，主巷和支巷断面大小相同，断面尺寸为 4m×4m。假定岩体为均质体，处于静水应力状态(15MPa)，采用 FLAC^{3D} 程序进行计算，模型底边固定，两侧限制水平运动，模型计算范围宽×高×长为 20m×20m×30m，模型网格划分如图 4-20 所示。

破坏准则采用应变软化模型，计算参数见表 4-5。

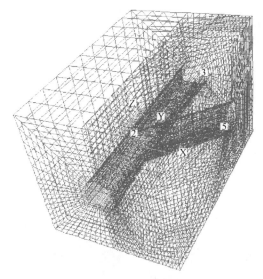

图 4-20 交叉点模型网格划分

表 4-5 交叉点岩石物理力学参数表

岩石参数	体积模量/Pa	剪切模量/Pa	抗拉强度/Pa	黏聚力/Pa	内摩擦角/(°)
	$14.1×10^9$	$8.87×10^9$	$5×10^5$	$4×10^6$	35.0

分别计算 3 种不同的开挖过程(图 4-20):①开挖顺序为 A→B→C;②开挖顺序为 A→C→B;③开挖顺序为 B→A→C。

2. 结果分析

图 4-21~图 4-23 是不同开挖顺序时巷道顶、底板的位移分布情况。结果表明,三种开挖顺序巷道顶、底板的位移分布有明显的差异,后开挖的部分因为先前开挖以后能量释放并产生较大位移而使其位移对较小。例如,开挖顺序为 A→B→C 时,在 A、B 段产生较大的位移,再开挖支巷 C 段时,除了在两巷交叉的钝角区域有较大的位移外,其他地方位移不大。开挖顺序为 A→C→B 时,这些规律更为明显。从位移的大小来看,开挖顺序为 A→C→B 时巷道围岩的位移较大,其他两种开挖顺序差别不大。计算结果还表明,Y 字形交叉点在巷道交叉的钝角区域发生较大的位移,其影响范围随开挖顺序的不同而不同,影响范围由大到小的巷道开挖顺序分别为 A→B→C、B→A→C、A→C→B。因此在施工中要特别注意控制该区域发生过量的有害变形。

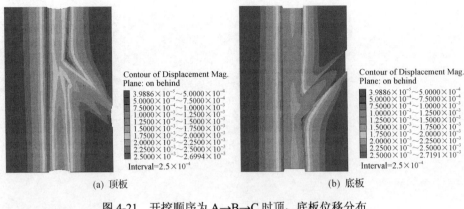

(a) 顶板　　　　　　　　　　　　　　(b) 底板

图 4-21　开挖顺序为 A→B→C 时顶、底板位移分布

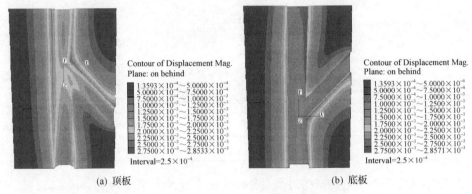

(a) 顶板　　　　　　　　　　　　　　(b) 底板

图 4-22　开挖顺序为 A→C→B 时顶、底板位移分布

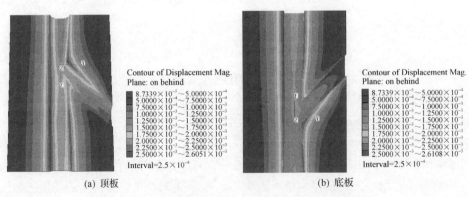

(a) 顶板　　　　　　　　　　　　　　(b) 底板

图 4-23　开挖顺序为 B→A→C 时顶、底板位移分布

图 4-24～图 4-26 是三种开挖方案巷道围岩顶、底板塑性区范围的计算结果。计算结果显示，开挖顺序不同，巷道顶、低板的塑性区范围明显不同。对巷道顶板而言，三种开挖顺序时主巷 A、B 的塑性区范围变化不大，但受剪状态各不相同。开挖顺序为 A→C→B 时，支巷 C 的塑性区范围较大，开挖顺序为 B→A→C

时较小，这是开挖主巷 B、A 时应力释放的结果。在巷道交叉的锐角处，先开挖支巷(A→C→B)时塑性区影响范围比后开挖支巷(A→B→C 和 B→A→C)时大得多，因此，交叉点开挖时应尽量先开挖主巷，后开挖支巷。对于巷道底板，施工顺序为 A→C→B 时，巷道交叉部位产生较大范围的塑性区，另外两种施工方案的塑性区及受剪状态也有所不同。

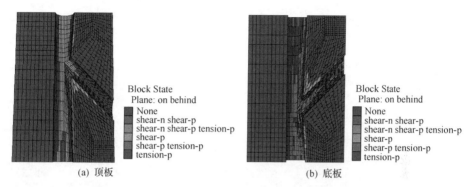

(a) 顶板　　　　　　　　　　　　　　(b) 底板

图 4-24　开挖顺序为 A→B→C 时顶、底板塑性区范围

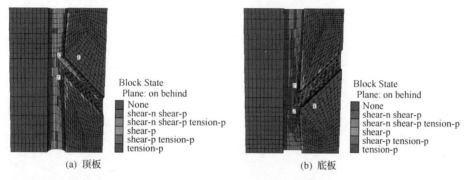

(a) 顶板　　　　　　　　　　　　　　(b) 底板

图 4-25　开挖顺序为 A→C→B 时顶、底板塑性区范围

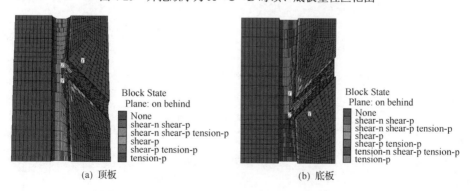

(a) 顶板　　　　　　　　　　　　　　(b) 底板

图 4-26　开挖顺序为 B→A→C 时顶、底板塑性区范围

　　总而言之，进入塑性大变形以后，巷道围岩的变形特征明显地与施工过程密切相关。因此，在设计和施工时必须分析各个加、卸载过程，进行过程优化设计，并提出相应的对策，最后再提出最优过程的最优参数设计，这是与小变形的参数设计有本质的区别。

第5章 深部软岩控制对策及蠕变模型

通过对深部软岩破坏现象及原因的研究，确定深部软岩稳定性控制对策，建立深部软岩围岩支护体蠕变模型，推导蠕变方程和预留变形量计算公式。

5.1 深部软岩工程稳定性控制原则及对策

5.1.1 深部软岩工程稳定性控制原则

通过对柳海矿深部软岩工程破坏现象及原因的分析，高应力节理化强膨胀软岩(HJS)是该工程破坏的主要原因，支护设计理论不当和支护技术落后是直接原因。因此，要使其稳定，必须首先解决主要矛盾，转化直接矛盾。

根据"对症下药"的原则，每一个破坏原因都要有相应的解决办法，高应力软岩工程的稳定性控制要求其支护必须有足够的强度适应其较高的围岩应力；强膨胀性使其巷道开挖初期变形量较大，要求支护体有足够的柔性，使其膨胀变形能充分释放；节理化使其围岩强度较低，并且易出现差异性变形，因此，要求支护体有良好的整体性，使围岩能形成一个整体，并且变形协调。

由于原支护设计采用的理论依据不当，在进行新设计时应采用新的、适合于柳海矿深部软岩工程实际的非线性大变形力学设计方法，并且对不同支护材料的耦合机理进行详细分析，使支护材料间能够达到强度、刚度和空间的相互耦合。

要解决支护技术落后问题，必须采用先进的支护技术，根据上述非线性设计理论采用适合的深部支护技术，对硐室群等应力集中部位采用耦合支护技术、集约化设计方法，改善巷道围岩的受力环境，减少应力集中，使巷道围岩均匀受力。同时，考虑支护过程和顺序的影响，进行相应的支护过程设计。

5.1.2 深部软岩工程稳定性控制对策

1. 深部软岩泵房吸水井集约化

随着煤炭工业的发展，我国基建矿井和生产矿井的井巷施工深度不断加大，深部围岩状态趋于复杂化，巷道硐室支护的难度和破坏的程度不断增加。尤其是软岩泵房吸水井巷道群的失稳翻修屡屡出现，不仅耗资巨大，而且影响正常生产。为此，何满潮教授带领的团队研究人员，经过多年的理论研究和实践检验，于

1997 年提出并系统完善了根据煤矿井型和排水量进行煤矿软岩组合吸水井新设计的系列方案。并在铁法的三台子二井、兖州的南屯矿、兴隆庄矿、龙口的梁家矿、井陉元氏矿、柳海矿等大型矿井进行了现场施工实践，相继解决了大型矿井的组合吸水井新设计的吸水阻力校核、清扫空间计算、等效设计计算、吸水扰动半径校核和新型组合井稳定性计算等一系列问题。软岩泵房吸水井集约化新设计是软岩非线性力学设计的一个重要成果。它把煤矿中的立体巷道最密集、应力最集中也最容易破坏的部位，用最简化的新型集约化设计来代替。与传统设计相比，在功能完全满足的前提下，组合吸水井新设计具有配水井减少 50%以上，吸水井个数减少 60%以上，工程造价大幅度减少(50%以上)，稳定性大大提高的独特优点。新型设计和传统设计相比的主要技术经济指标如表 5-1～表 5-3 所示。

表 5-1 Ⅰ型组合吸水井新型设计与传统设计比较

设计	吸水井数	配水巷长度	井巷工程量	工程造价估算	稳定性评价
传统设计	3～4 个	20～28m	35～48m	21 万～28.8 万元	差
Ⅰ型设计	1 个	0	5m	3 万元	良好
新设计优越性	节省 2～3 个	节省 20～28m	减少 30～43m	节约18万～25.8万元	稳定性显著提高

注：工程造价按 6000 元/m 计算

表 5-2 Ⅱ型组合吸水井新型设计与传统设计比较

设计	吸水井数	配水巷长度	井巷工程量	工程造价估算	稳定性评价
传统设计	5～8 个	36～60m	61～100m	36.6 万～60 万元	差
Ⅱ型设计	2 个	10m	20m	12 万元	良好
新设计优越性	节省 3～6 个	节省 26～50m	减少 41～80m	节约24.6万～48万元	稳定性显著提高

注：工程造价按 6000 元/m 计算

表 5-3 Ⅲ型组合吸水井新型设计与传统设计比较

设计	吸水井数	配水巷长度	井巷工程量	工程造价估算	稳定性评价
传统设计	9～12 个	68～92m	113～152m	67.8 万～91.2 万元	差
Ⅲ型设计	3 个	30m	45m	27 万元	良好
新设计优越性	节省 6～9 个	节省 38～62m	减少 68～107m	节约40.8万～64.2万元	稳定性显著提高

注：工程造价按 6000 元/m 计算

　　图 5-1 是铁法三台子二井原水泵房布置图。其主井布置有三台 D155-67-5 型水泵，按传统设计，泵房设有三个吸水井和连接它们的配水巷。此工程未施工，其主要问题是巷道密集交错，围岩应力重叠，给支护带来了很大的困难，工程量也较大。

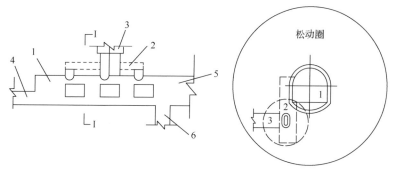

图 5-1　铁法三台子二井原水泵房布置图

1-泵房；2-配水巷；3-水仓；4-管子道；5-变电所；6-通道

组合吸水井新设计如图 5-2 所示。吸水井井径为 4m，壁厚 300mm 钢筋混凝土的圆筒体，沿轴线方向等分为三个独立的扇形吸水小井，各小井间相互连通，并设有闸阀。新型组合吸水井的特点是不影响水泵的吸水能力，配水和清理方便，井壁有径向混凝土隔板使吸水井围岩及支撑受力状况良好，工程量小，节约资金，避免空间干扰作用。

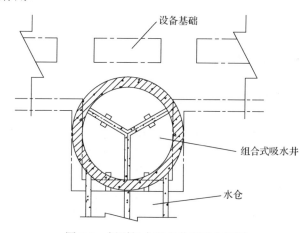

图 5-2　新型组合吸水井泵房布置图

2. 锚网索-桁架耦合支护技术

通过对柳海矿深部软岩工程稳定性控制原则的分析，本书认为应采用锚网索-桁架耦合支护技术作为其主要控制对策。

通过锚网-围岩及锚索-关键部位支护的耦合而使其变形协调，锚杆通过与围岩相互作用，起着主导承载作用，同时能够防止围岩松动破坏，并有一定的伸缩性，可随巷道围岩同时变形，而不失去支护能力；网的主要作用是防止锚杆间的松软岩石垮落，提高支护的整体性。锚索将下部不稳定岩层锚固在上部稳定岩层中，施加预应力，主动支护围岩，能够充分调动巷道深部围岩的强度。从而限制围岩产生有害的变形损伤，实现支护一体化、荷载均匀化。

采用立体桁架支护，由于其强度较高，可以保证围岩在释放一定变形能后支护体有足够的强度对围岩进行支护，并且通过桁架间拉杆的连接和消力接口的作用，使桁架成为一个整体，并且能够互相传递作用力，使桁架均匀受力。

综上所述，柳海矿深部软岩工程的控制对策可概括为主动支护、保护浅部岩体、利用深部岩体强度、桁架初期不受力。

5.2　深部软岩围岩支护体蠕变模型

通过对柳海矿及龙口矿区深部软岩工程地质条件和破坏机理的分析，得出了柳海矿深部软岩工程稳定性控制对策，根据上述研究成果建立柳海矿深部软岩围岩支护体蠕变模型，由此可确定围岩的预留变形量(Δu)。

通常通过试验法和模型法研究岩石蠕变的基本规律。由于岩石种类的多样性，试验法获得的结果具有局限性，常采用模型法确定蠕变模型。模型法是假定岩石材料具有刚性体、弹性体、塑性体和黏性体四种变形特征，由四个变形元件通过串联和并联组合成不同的蠕变模型。

刚性模型是指在任何外界荷载作用下不发生变形，其表达式为

$$\varepsilon = 0 \tag{5-1}$$

式中，ε 为应变。

弹性模型(胡克体)符合胡克定律，其表达式为

$$\sigma = E\varepsilon \tag{5-2}$$

式中，ε 为应变；σ 为应力；E 为弹性模量。

黏性模型(牛顿体)应力应变服从黏滞定律，应力与应变率成正比，其表达式为

$$\sigma = \eta\varepsilon \tag{5-3}$$

式中，ε 为应变；σ 为应力；η 为黏滞系数。

塑性模型(圣维南体)：完全塑性模型认为在应力没有达到极限值时，材料不发生变形，达到应力极限值时，应力不再增加而变形继续发展，其表达式为

$$\sigma = f \tag{5-4}$$

式中，σ 为应力；f 为极限应力。

根据柳海矿深部软岩的围岩特性及破坏特征，并以上述控制对策为基础，建立工程地质支护模型(图 5-3)。巷道围岩由煤和泥岩组成，煤具有弹性特征，泥岩

在压力作用下具有黏塑性特征。由于现场观测的水平方向位移数据较准确，因此，本节以水平方向变形为研究对象，建立围岩的蠕变模型为(N-S)|H，即将黏性模型（牛顿体）与塑性模型（圣维南体）串联，然后与弹性模型（胡克体）并联，模型结构如图 5-4 所示。

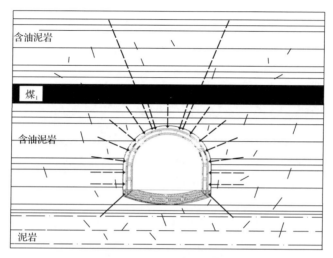

图 5-3　工程地质支护模型

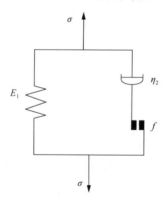

图 5-4　蠕变模型结构图

σ. 应力；f. 极限应力；E_1. 弹性模量；η_2. 黏滞系数

　　该模型中，当塑性单元的应力值小于极限应力值时，模型表现为锚网支护系统的弹性特征，围岩表现为弹黏性特征，当塑性单元应力值大于极限值时，模型将产生塑性变形，如不及时对围岩施加一定的作用力，围岩将继续变形，立体桁架恰好能提供上述作用力。因此，该模型符合龙口矿区深部软岩的变形特征。

　　由于串联的特点是应力相等，应变相加；并联的特点是应力相加，应变相等。可有如下方程：

$$\begin{cases} \varepsilon = \varepsilon_1 = \varepsilon_2 \\ \sigma = \sigma_1 + \sigma_2 \\ \varepsilon_1 = \sigma_1 / E_1 \end{cases} \tag{5-5}$$

对于塑性模型：

当 $\sigma_2 < f$ 时，

$$\begin{cases} \sigma_1 = E_1 \varepsilon_1 \\ \sigma_2 = \eta_2 \dot{\varepsilon}_2 \end{cases} \tag{5-6}$$

当 $\sigma_2 = f$ 时，

$$\sigma = E_1 \varepsilon + f \tag{5-7}$$

蠕变应力条件为 $\sigma = \sigma_0 =$ 常数，蠕变方程可分别计算如下：

(1) 当 $\sigma_2 < f$ 时，由式 (5-5) 和式 (5-6)，可得蠕变方程为

$$\varepsilon = \frac{\sigma_0}{E_1}\left(1 - e^{-\frac{E_1}{\eta}t}\right) \tag{5-8}$$

当 $t \to 0$ 时，$\Delta u_1 \to 0$，可得围岩变形量与时间关系 ($\Delta u_1 - t$)，

$$\Delta u_1 = \frac{\eta_2 \sigma_0}{E_1^{\,2}} e^{-\frac{E_1}{\eta_2}t} + \frac{\sigma_0}{E_1}t - \frac{\eta_2 \sigma_0}{E_1^{\,2}} \tag{5-9}$$

设 $A = \dfrac{\eta_2 \sigma_0}{E_1^{\,2}}$，$B = -\dfrac{E_1}{\eta_2}$，$C = \dfrac{\sigma_0}{E_1}$，则有

$$\Delta u_1 = A e^{Bt} + Ct - A \tag{5-10}$$

(2) 当 $\sigma_2 = f$ 时，由式 (5-5) 和式 (5-7)，可得蠕变方程为

$$\varepsilon = \frac{\sigma_0 - f}{E_1} \tag{5-11}$$

根据围岩变形情况，当 $t = t_0$ 时，$\Delta u_2 = u_0 = \Delta u_1 \big|_{t=t_0}$，得围岩变形量与时间关系 ($\Delta u_2 - t$)：

$$\Delta u_2 = \frac{\sigma_0 - f}{E_1}t + u_0 - \frac{\sigma_0 - f}{E_1}t_0 \tag{5-12}$$

设 $F = \dfrac{\sigma_0 - f}{E_1}$，$H = u_0 - \dfrac{\sigma_0 - f}{E_1}t_0$，则有

$$\Delta u_2 = Ft + H \tag{5-13}$$

综上所述，式(5-8)和式(5-11)为深部软岩围岩支护体的蠕变方程，式(5-10)和式(5-12)为深部软岩巷道锚网索-桁架耦合支护预留变形量计算公式。围岩变形与时间关系曲线如图 5-5 所示，图中虚线为 t_1 时刻后围岩的变形趋势。

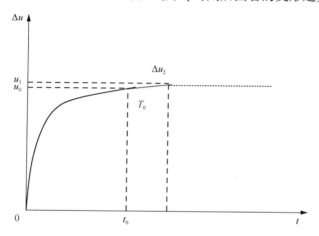

图 5-5　围岩变形与时间关系示意图

当 $t \to t_0$ 时，$\sigma \to f$，即 t_0 为曲线 Δu_1 和 Δu_2 的交点，变形速率趋缓，此时为围岩与桁架接触的最佳时机。随着时间的推移，变形将沿 Δu_2 呈线性增加，到 t_1 时刻，桁架与围岩达到耦合作用，变形量为 u_1，围岩趋于稳定。因此，整个变形过程可分为两部分：蠕变阶段(Δu_1 和 Δu_2)和稳定阶段。

确定方程中的系数有两种方法：第一种方法是实测法，根据实测地应力参数和室内试验结果，计算得到式(5-10)和式(5-12)中的各系数；第二种方法是反演法，由于准确确定地应力参数的难度较大，可根据现场测试的矿压数据进行反演分析，将数据代入公式，确定相关系数，这种方法计算方便，但有一定的局限性，不同岩性的计算结果不同。

综合上述分析，本节以柳海矿井底车场单轨巷返修工程为例，并根据相邻矿井的资料，利用实测法与反演法综合确定方程中的各系数。

取 $\sigma_0 = 4\text{MPa}$，$E_1 = 1.5 \times 10^3\text{MPa}$，$\eta = 2.7 \times 10^3\text{MPa}$，$f = 6\text{MPa}$。可得 $A = 4.8 \times 10^{-5}$，$B = -5.6$，$C = 0.3 \times 10^{-3}$，则有

$$\Delta u_1 = 4.8 \times 10^{-5}e^{-5.6t} + 0.3 \times 10^{-3}t - 4.8 \times 10^{-5} \tag{5-14}$$

根据现场观测结果(表 5-4)，约 11 天时桁架与围岩接触，因此，取 $t_0 = 11$，将 t_0 代入式(5-14)，得 $u_0 = 0.105\text{m}$。

表 5-4　表面位移实测数据表

时间/d	0	1	2	3	4	5	6	7	8	9	10	11	12	13	14
总变形量/mm	0	22	46	64	80	90	96	99	106	112	120	121	121	122	123
时间/d	15	16	17	18	19	20	21	22	23	24	25	26	27	28	29
总变形量/mm	123	125	126	126	126	127	127	127	127	127	127	127	127	127	127

将 σ_0、E_1、f 和 u_0 代入，得 $F=\dfrac{\sigma_0-f}{E_1}=1.3\times10^{-3}$，$H=0.105$。将 F 和 H 代入式 (5-11)，可得：

$$\Delta u_2=1.3\times10^{-3}t+0.10 \tag{5-15}$$

由式 (5-14) 和式 (5-15)，采用插值法绘出围岩变形曲线，实测曲线与该曲线基本吻合，如图 5-6 所示。

由式 (5-15) 可得 $t=18$ 时，$\Delta u=0.12$，围岩变形量达最大，实测曲线在 20 天时围岩变形量达最大值 127mm，误差约为 6%。

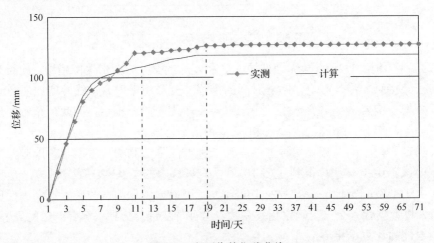

图 5-6　表面收敛位移曲线

通过上述分析，确定了围岩与桁架间的预留变形量的计算公式，该公式可以作为现场实际施工的理论指导，并根据现场实际工程的围岩性质、巷道开挖情况及巷道跨度等适当调整数值。

5.3　深部软岩控制对策数值模拟分析

根据上述现场破坏特征和理论分析结果，深部软岩的控制对策为锚网索-桁架耦合支护，本节将通过工程地质力学模型分析锚网索-桁架耦合支护的过程。对支护后的各种工况进行研究，分析支护对策的可行性。

数值模拟以单轨巷工程条件为基本参数，利用岩土工程数值模拟软件 FLAC 进行数值优化分析，并以此结果作为进一步优化设计的根据。

5.3.1　数值计算方法简述

对于深部软岩工程的大变形破坏问题，采用传统的弹塑性小变形数值计算方法已不再合适，甚至会得出错误的结论。因而，必须采用基于大变形理论的数值方法。拉格朗日有限差分法是一种适合于岩土介质大变形仿真计算的流行数值方法，FLAC 软件正是其中的代表，它利用拉格朗日有限差分原理，以牛顿第二定律为基础，并采用显式有限差分算法的数值计算程序，该程序在每个节点上形成的运动方程按时间迭代法求解，能清楚地表明受力体在不同时步的力学特性响应。

FLAC 模型中材料以单元和区域表示，区域间通过节点连为一体，根据计算对象的形状构成相应的计算网格。单元在荷载和边界约束条件下按照约定的线性或非线性应力应变关系产生力学响应。FLAC 程序建立在拉格朗日算法的基础上，适合模拟计算地质材料和岩土工程的力学行为，特别是材料达到屈服极限后产生的塑性流动，对大变形问题有良好的仿真效果。它采用显式算法来获得模型全部运动方程的时间步长解，从而可以追踪材料的渐进变化、破坏乃至最后的垮落失稳，这对研究深部软岩工程的大变形、长期蠕变等非线性力学破坏过程具有重要意义。

与现行的数值方法相比，FLAC 软件具有以下优点。

(1)采用迭代法求解，不需要存储大型的刚度矩阵。

(2)采用"混合离散化"技术比有限元的数值积分更为精确模拟计算材料的塑性破坏和塑性流动。

(3)采用显式差分求解，可以在与求解线性应力应变本构方程相同的时间内，求解任意的非线性应力应变本构方程，大大提高了解决问题的速度。

(4)求解过程中全部采用全动力学方程，可以很好地分析和计算物理非稳定过程。

(5)可以直接模拟岩土工程施工过程，每一计算时步的计算结果与时间相对应，可以充分考虑施工过程的时间效应。

(6)可以方便地演示岩石介质从弹性到塑性屈服和流动，乃至失稳破坏的全过程。

5.3.2　工程地质模型

根据柳海矿井底车场工程的综合柱状图，以及单轨巷的具体工程地质条件，建立单轨巷的工程地质模型如下。

单轨巷埋深 500m，巷道形状为直墙半圆拱形，毛断面尺寸为 3820mm× 4690mm（宽×高）。

单轨巷布置于煤 1 底板含油泥岩中。其中煤$_1$厚 1.32m，顶板为厚 6.5m 的含油泥岩；底板含油泥岩厚 7.50m，向下为 3.50m 厚泥岩，煤$_2$厚 2.40m，煤$_2$底板为 8.30m 砂砾岩，向下为 1.7m 的泥岩，岩层近水平，如图 5-7 所示。

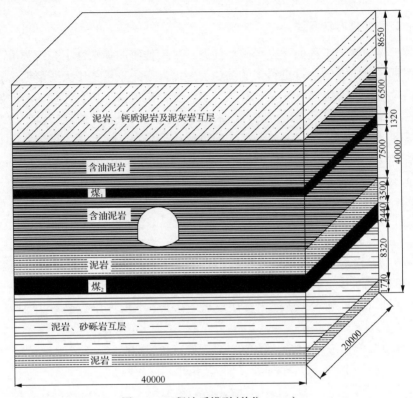

图 5-7　工程地质模型（单位：mm）

5.3.3　耦合支护模型

根据前面对深部软岩稳定性控制对策的研究结果，提出以锚网索-桁架耦合支护技术作为支护对策，本节将根据现场实际工程情况建立锚网索-桁架耦合支护的支护模型，如图 5-8 所示。

5.3.4　数值计算模型

1. 建模原则

建立一个可靠的数学计算模型是数值模拟计算的前提和基础，建模应该遵循的原则主要包括以下几个方面。

(1)影响巷道及围岩稳定性的因素较多，包括各类地质和工程因素，建模时应该分清各影响因素的主次，突出主控因素，并进行合理的抽象和概化；

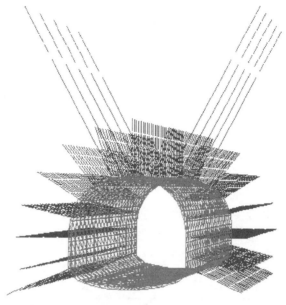

图 5-8　耦合支护模型

（2）地下巷道工程为动态时空问题，巷道稳定性不仅受本巷道开挖与支护等影响，也会受到临近巷道开挖与支护的扰动影响，因此上述动态过程在模型中必须得以体现；

（3）数值模型是实体的抽象和概化，而不是失真的摹体，因此，构建的模型应尽量与工程实际相符，并尽可能全面体现模拟巷道各岩层的物理力学性质；

（4）地下岩土工程问题实质是半无限体问题，受计算机内存和运行时间的限制，建模时只能考虑一定的计算范围，必须确定计算模型的边界条件，模型范围的确定以遵循消除边界效应和运算中不产生歧义结果为原则。

2. 模型的确定

本书的研究对象为单轨巷返修过程中不同支护方式和不同参数情况下的围岩变形规律，在确定计算模型时，本构模型采用莫尔-库仑弹塑性模型。

1) 几何模型

巷道的开挖与支护对周边一定范围内的围岩产生扰动和影响，使围岩产生一定的变形和破坏。根据圣维南原理，扰动和影响范围是有限度的。因此，根据具体工程问题，建模时要给定一个边界范围。本计算模型的几何尺寸为 20m（长）×40m（宽）×40m（高）。

2) 边界约束条件

（1）左、右边界为水平位移约束边界，即 x 方向的速度和位移均为零。

(2)前、后边界约束条件与左、右边界类似，为水平位移约束边界，y 方向的速度和位移均为零。

(3)上边界为自由边界，计算模型上覆岩层的自重以外荷载的形式作用于上部边界。

(4)下边界为全约束边界，在水平方向（x 方向和 y 方向）和竖直方向（z 方向）均固定，即 x、y、z 三个方向上的速度和位移均为零。

3)计算参数

莫尔-库仑弹塑性模型中主要涉及的岩体物理、力学参数为剪切模量、体积模量、密度、内摩擦角及黏聚力。

本节的数值计算模型是以柳海矿井底车场单轨巷返修工程为原型，模型中采用的参数以实际工程参数为基准，并参考临近巷道及临近矿区相关参数为对数值模型所需的各参数进行综合取值，详细参数见表 5-5。

表 5-5　数值模型参数表

岩性	厚度/m	弹性模量/10^4MPa	容重/(kN/m³)	泊松比	内摩擦角/(°)	黏聚力/MPa
泥岩	12.5	1.2	1662	0.15~0.2	28	0.7
含油泥岩	3.5	1.3	2857	0.15~0.2	31	0.9
煤₂	2.25	1.5	1280	0.25	32	1.2
煤₁	2.15	1.4	1200	0.23	31	1.1
砂砾岩	13.0	1	2294	0.25	27	0.8

3. 网格划分

在所构建的 FLAC 计算模型中，网格单元均采用四边形等参单元，在计算精度范围及计算时间允许条件下，将计算模型划分为 12960 个单元，14532 个节点。

为了使模拟过程中围岩应力状态、变形及塑性区发展过程等能较准确直观地表现出来，根据工程地质模型的数据，网格按距离巷道由近到远，网格由密到疏的原则划分，采用等间距与不等间距相结合的方法对网格进行离散化处理。

4. 数值计算方案

根据深部软岩工程稳定性控制对策，数值模拟方案将对锚网索-桁架耦合支护过程进行分析，主要模拟开挖→锚网支护→锚网索支护→锚网索-桁架耦合支护等过程，并对以下几个方面进行分析。

(1)巷道开挖后围岩变形及应力分布情况。

(2)锚网支护后围岩变形和应力分布情况。

(3)根据设定在不同断面上的节点位移跟踪监测手段，确定锚网支护后围岩变形减缓的位置和时间，确定锚索支护的最佳时间和位置。布设锚索后，围岩变形和应力分布情况，以及围岩变形情况，为确定桁架架设时间提供参考。

（4）桁架支护后围岩变形和应力分布情况。根据围岩位移监测分析确定巷道的稳定情况。

5. 数值计算结果分析

图 5-9～图 5-12 为开挖无支护后、锚网喷支护后、锚网索支护后和锚网索-桁架耦合支护后的应力分布及巷道变形情况。

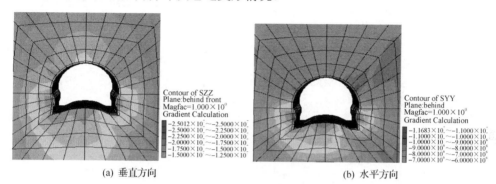

(a) 垂直方向　　　　　　　　　　　　　　(b) 水平方向

图 5-9　开挖无支护巷道围岩应力分布图

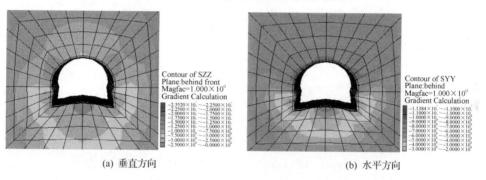

(a) 垂直方向　　　　　　　　　　　　　　(b) 水平方向

图 5-10　锚网喷支护巷道围岩应力分布图

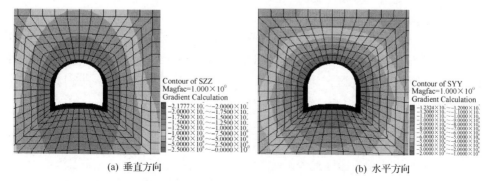

(a) 垂直方向　　　　　　　　　　　　　　(b) 水平方向

图 5-11　锚网索支护巷道围岩应力分布图

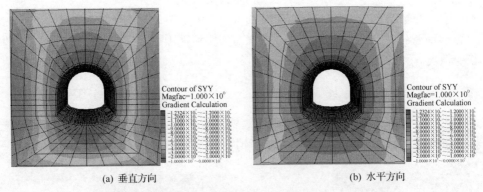

(a) 垂直方向　　　　　　　　　　　　　　(b) 水平方向

图 5-12　锚网索-桁架耦合支护巷道围岩应力分布图

图 5-13 为锚网索-桁架耦合支护过程中，巷道围岩顶板下沉量、两帮收缩量与计算时步关系曲线。

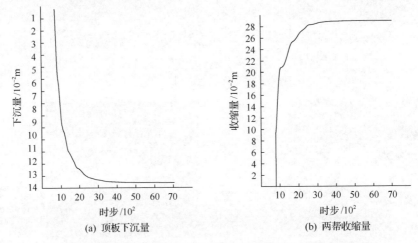

(a) 顶板下沉量　　　　　　　　　　　　　(b) 两帮收缩量

图 5-13　锚网索-桁架耦合支护过程表面收敛位移-时步关系曲线

通过对巷道开挖、锚网支护、锚网索支护以及锚网索-桁架耦合支护过程的模拟，可以得出如下几点结论。

(1)无支护情况下围岩初期变形量较大，围岩应力分布不均匀，多处出现应力集中。实施锚网支护后，围岩变形量明显减少。围岩应力分布趋于均匀，只在两肩处出现较大的剪应力区，这说明两肩处为锚索支护的关键部位，同时根据计算时步可以确定(数值模拟中，每运算 1000 时步，巷道约施工 5m)，在距迎头 8～10m 时实施锚索支护为最佳支护时间。

(2)实施锚索支护后，围岩所受剪应力明显向深部延伸，应力集中程度明显减少，并且巷道围岩剪应力区减少，说明锚索调动深部围岩的强度，加固浅部围岩；约运算 4000 时步时，围岩变形趋缓，此时为桁架与围岩接触的最佳时机，即距迎头 18～20m。

(3)架设桁架并与围岩接触后，围岩变形总量在达到 145mm 左右时，变形量不再增加，并且此时桁架开始受到围岩的作用力，但桁架及围岩未出现较大变形，说明预留变形量 150mm 是合理的。

综上所述，通过对数值模拟结果的分析，锚网索-桁架耦合支护技术是可行的，并且通过确定合理的支护过程，深部软岩巷道围岩与支护体达到耦合作用，最终共同稳定。

5.4　深部软岩巷道底鼓控制数值模拟分析

目前国内外研究了多种控制巷道底鼓的技术措施，归纳起来，它们起的作用可分为四类。

(1)增加底板围岩变形的阻力。

(2)提高底板围岩的强度。

(3)降低底板围岩浅部的应力，使开巷以及采动引起的高地应力向围岩深部转移。

(4)既降低底板围岩的应力又提高底板围岩的强度。

迄今为止，国内外所研究的各种控制巷道底鼓的措施大多数都是围绕巷道底板进行的，而利用其他途径控制巷道底鼓的技术较少。

5.4.1　常规底鼓控制方法存在的问题

底鼓是软岩巷道的重要特征之一。实际工程中，软岩巷道的底鼓多为几种类型的复合型。根据控制原理的不同，传统的底鼓控制方法可分为加固法与卸压法两大类。加固法主要通过提高底板围岩强度以控制底鼓；卸压法主要通过切缝等卸压措施，将巷道及底板的应力向深部转移，降低底板岩层应力，从而达到控制底鼓的目的。加固法主要有底板锚杆、底板注浆、封闭式支架和混凝土反拱等。针对柳海矿深部软岩巷道所处的复杂地质条件，实践证明，常规加固法控制底鼓存在一定问题：

(1)底板锚杆。控制底鼓的成败主要取决于岩层的性质，当底板为中硬层状岩层，在平行于层理方向的压应力作用下产生挠曲褶皱，通过打底板锚杆来防止底鼓可取得良好的效果。而柳海矿深部软岩巷道底板岩层松软碎裂，节理发育，底板锚杆只能在安装初期降低底鼓速度，不能有效防止底鼓。

(2)底板注浆。通过提高底板岩层强度来实现控制底鼓的目的，一般适用于加固比较破碎的底板岩层。这种方法控制底鼓的效果与底板岩层性质、破碎程度、注浆材料、注浆压力、注浆深度及注浆时间等诸因素有关。底板注浆宜在底鼓已发展到最终深度的底板岩层时进行。锚注对策设计的使用范围为：节理化煤层及非膨胀性岩层和松动圈充分发育的破碎巷道，严禁在含蒙脱石强膨胀岩层使用。柳海矿巷道底板岩体强度极低，岩层过于软弱时，底板注浆很难奏效，而且柳海矿深部软岩巷道底板围岩含有大量的蒙脱石强膨胀性黏土矿物，底板注浆受到限制。

(3)U 型钢全封闭式可缩性支架。封闭式支架只有在其可缩量大于软岩巷道底鼓量的条件下才能保证奏效。否则，当底鼓量超过支架的可缩量后，支架底梁有可能向巷道空间内撅起，失去对底鼓的控制作用，同时给卧底工作带来极大的困难。当底板岩层松软时，封闭式支架底梁往往无法充分发挥其承载能力，导致向巷道内鼓起，失去控制底鼓的能力。

(4)混凝土反拱。混凝土反拱能给巷道底板提供较高而且均匀的支护阻力，从而可以约束底板的变形。其优点是适用范围广，在各种条件下均可使用，而且对底鼓的控制效果比较好。但柳海矿深部软岩巷道底板在高复合应力的作用下，混凝土底板产生裂纹，继而底板遭到大面积破坏。巷道四面来压，对底板采用混凝土反底拱，引起较显著的两帮收缩和顶板下沉，继而混凝土拱遭到破坏。

5.4.2　数值模拟分析

1. 数值模拟方案及任务

针对柳海矿难支护、难维护、底鼓量大的情况，在运输大巷新开巷道工程采用锚网索-柔层桁架联合支护形式。为此，对锚网→锚网索→锚网索-底角锚杆→架设柔层桁架整个过程进行数值分析。本次数值模拟的具体任务如下。

(1)了解运输大巷新开巷道在锚网支护条件下巷道围岩变形规律。

(2)了解运输大巷新开巷道在锚网索支护条件下巷道围岩变形规律，了解锚索对巷道底鼓的控制效果。

(3)了解底角锚杆倾角对底鼓的影响和运输大巷新开巷道锚网索-底角锚杆条件下巷道围岩变形规律。

(4)对锚网索-柔层桁架耦合支护进行数值模拟，验证其支护技术的可行性和可靠性。

2. 建立数值模拟模型

1)工程地质模型

巷道形状为直墙半圆拱形，毛断面尺寸为 5600mm(宽)×5970mm(高)。运输大巷穿过的层位从 I 号岔向里依次为煤$_2$顶板含油泥岩、煤$_2$、煤$_2$底板泥岩、砂砾岩、泥岩互层，现掘进迎头基本在煤$_2$底板泥岩、砂砾岩、泥岩互层中。其中煤$_2$厚2.44m，煤$_2$底板为8.52m泥岩砂砾岩互层，向下为1.77m的泥岩，泥岩下方为 11.2m 的泥岩砂砾岩互层；煤 $_2$ 顶板为 3.50m 泥岩，向上依次为 7.5m 的含油泥岩，1.32m 的煤 $_1$，6.5m 的含油泥岩，23.5m 的泥岩、钙质泥岩及泥灰岩互层。岩层近水平。

2）工程支护模型

巷道的开挖与支护对周边一定范围内的围岩产生扰动和影响，使围岩产生一定的变形和破坏。根据圣维南原理，扰动和影响范围是有限度的。因此，根据具体工程问题，建模时要给定一个边界范围。本计算模型的几何尺寸为 20m（长）×40m（宽）×40m（高），共划分 29040 个单元，31815 个节点。对锚网喷支护→锚网索→锚网索-底角锚杆支护过程进行数值模拟分析，分别建立工程支护模型，见图 5-14。

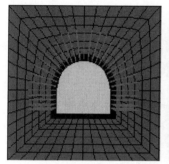 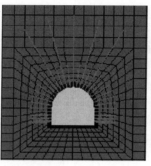 

(a) 锚网喷支护模型(三花布置)　　(b) 锚网索支护模型(三花布置)　　(c) 锚网索+底角锚杆支护模型

图 5-14　工程支护模型

3. 数值模拟参数

本次数值模拟采用莫尔-库仑弹塑性模型，主要涉及的岩体物理、力学参数为剪切模量、体积模量、密度、内摩擦角及黏聚力。剪切模量和体积模量可根据岩体的弹性模量和泊松比求出，公式详见式(3-4)和式(3-5)。

模型中采用的参数以实际工程参数为准，并根据临近巷道及临近矿区相关参数为参考，对数值模型所需的各参数进行综合取值。具体参数见表 3-1。

巷道断面形状：直墙半圆拱形，掘进毛断面尺寸为 5600mm（宽）×5970mm（高），其中拱高 2800mm，墙高 1770mm，底拱（地坪之下）1400mm。

锚杆：采用 ϕ20 螺纹钢，长度 2200mm。锚杆间排距为 800mm×800mm，三花布置，锚固形式为端头加长锚固。

锚索：锚索为 ϕ18 钢绞线，设计长度为 8m，采用"2-3-2"布置，间排为 1600mm×2000mm。

金属网：网为 ϕ6.5mm 焊接钢筋网。

柔层桁架：材料为 11 号矿用工字钢，支架间距 1000mm。

4. 数值模拟结果分析

1）锚网支护状态下的巷道围岩变形

从表 5-6 中的数据可以看出，锚网支护状态下巷道变形非常严重，尤其底鼓。在锚网支护状态下的计算值与现场观测情况（运输大巷导硐施工段）比较吻合。

表 5-6　不同支护形式下巷道围岩变形

序号	支护形式	两帮收缩量/mm	顶板下沉量/mm	底鼓量/mm
1	锚网喷支护	1812	807	1570
2	锚网喷-锚索支护	1576	603	1281
3	锚网喷-锚索-底角锚杆	1348	523	885

在柳海矿运输大巷新开巷道的围岩条件和锚网喷支护下（图 5-15），围岩发生很大变形，巷道底鼓严重。在数值计算期间，巷道两帮收缩量为 1812mm，顶板下沉量为 807mm，底鼓达到 1570mm。巷道底板裸露，在水的作用下，底板的黏土矿物发生膨胀，增加底鼓量；底板围岩裂隙和节理比较发育，强度极低，在高应力作用下，底板岩体中各个岩块之间沿裂隙面的相对滑移产生挤压流动变形。

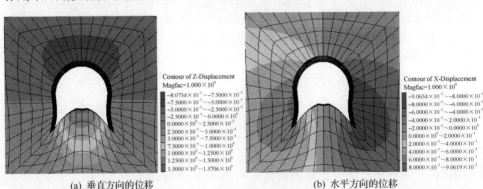

　　(a) 垂直方向的位移　　　　　　　　　　　　(b) 水平方向的位移

图 5-15　锚网支护巷道变形图

2）锚网索喷支护状态下的巷道围岩变形

从图 5-16 可以看出，在锚网喷-锚索支护条件下，巷道变形有所减小，尤其是顶板。顶板最大下沉量为 603mm，巷道底鼓量为 1281mm，比锚网喷支护条件下分别减小了 25.2%和 18.4%。说明在巷道顶部打锚索，将上覆不稳定岩层悬吊到深部稳定岩层，利用深部围岩强度，减小传递到底板的上覆岩层压力，从而减轻底鼓量。因此，在巷道顶部加打锚索不仅减少巷道顶板下沉量，而且能有效地减少巷道底鼓量。

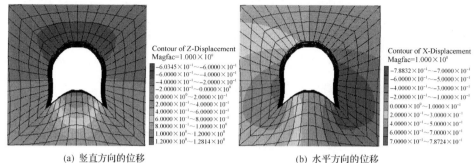

(a) 竖直方向的位移　　　　　　　　　　　　　(b) 水平方向的位移

图 5-16　锚网索喷支护巷道变形图

3) 锚网索-底角锚杆支护状态下的巷道围岩变形

(1) 底角锚杆的倾角。

底角锚杆的倾角影响巷道底鼓的控制效果，下面就底角锚杆一组倾角进行数值分析。

底角锚杆的倾角是指底角锚杆的打入方向与竖直方向的夹角，记做 β。根据现场情况对 β 取 30°、45° 和 60° 进行数值分析。在巷道底板中心各设观测点，通过该点的竖向位移大小来分析底角锚杆倾角大小对巷道底鼓控制效果。根据各观测点底板数据，绘制三种不同倾角时底鼓与时步关系曲线，见图 5-17。

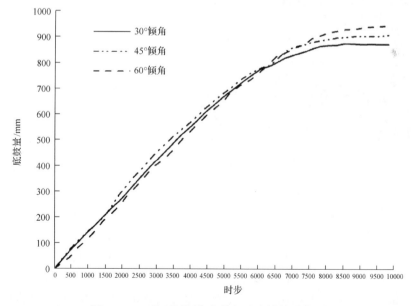

图 5-17　三种不同倾角底鼓与时步的关系曲线

从图 5-17 可以看出，在三种不同倾角情况下，底角锚杆对巷道围岩控制效果相差不大。倾角为 60° 时，底鼓量比倾角为 30° 和 45° 时大。同时，顶板下沉量和两帮收缩量也比较大；而倾角为 30°和 45°时，底角锚杆对底鼓的控制效果比较相近。倾角为 30°时，顶板下沉和两帮收缩量比 45°倾角稍微减小。结合现场施工方便，底角锚杆的倾角选取 45°时比较合适。分析数据结果见表 5-7。

表 5-7　三种不同倾角的巷道围岩变形

序号	倾角 β/(°)	底鼓量/mm	顶板下沉量/mm	两帮收缩量/mm
1	30	876	520	1338
2	45	885	523	1348
3	60	931	542	1406

(2)锚网索-底角锚杆支护状态下巷道围岩变形。

底角锚杆倾角选取 45°，对锚网索+底角锚杆支护形式进行数值分析。从图 5-18 可以看出，在锚网喷-锚索-底角锚杆支护条件下，巷道变形进一步减小，尤其是底鼓。巷道底鼓量为 885mm，顶板最大下沉量为 523mm，两帮收缩量为 1348mm，比锚网喷-锚索支护条件下分别减小了 30.9%、13.2%和 14.5%。分析表明在巷道底角打锚杆，能有效控制帮、角围岩塑性区的发展和松动破裂围岩的体积膨胀，这一技术措施，不仅能有效地减少或控制巷道底鼓量，也能减小巷道两帮围岩移近量和顶板下沉。

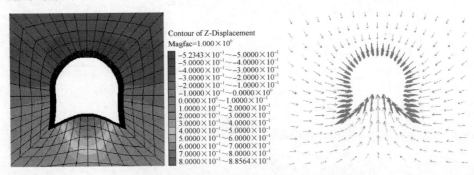

图 5-18　锚网索-底角锚杆支护下围岩位移图

(3)锚网索-柔层桁架支护分析。

为了了解架设桁架后，巷道围岩的变形情况，对锚网索-柔层桁架耦合支护进行数值分析。首先对预留变形层进行数值分析，采用位移释放法模拟围岩与柔层桁架接触之前围岩的变化规律。然后分析围岩与柔层桁架接触后围岩和柔层桁架的应力分布和围岩位移变化情况。数值分析结果见图 5-19～图 5-22。

从图 5-19 可以看出，围岩与柔层桁架接触前释放 400mm 的变形空间围岩移动规律，围岩位移从外到里逐渐减小，在最外层位移量最大为 400mm。从应力分布图可以看出，通过释放变形能，围岩应力分布很不均匀，应力值为 0～23.5MPa，在两帮及顶板出现应力集中现象(图 5-20)。

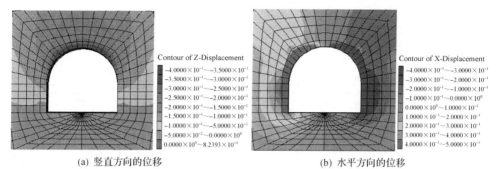

(a) 竖直方向的位移　　　　　　　　　　　(b) 水平方向的位移

图 5-19　围岩与柔层桁架接触前围岩位移图

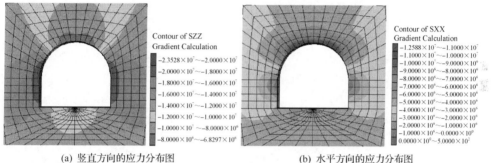

(a) 竖直方向的应力分布图　　　　　　　　(b) 水平方向的应力分布图

图 5-20　围岩与柔层桁架接触前围岩应力分布图

图 5-21 和图 5-22 为围岩与柔层桁架接触后围岩位移变形规律和应力分布图。柔层桁架与围岩变形协调释放变形能，由于柔层桁架有足够的强度和刚度阻止围岩向外移动，巷道围岩位移变化很小。通过结构化设计，将围岩集中应力通过桁架间拉杆转化成抗拉、抗压或抗剪应力，桁架间相互传递，发挥柔层桁架间的整体支护效果，使围岩应力均匀化，释放大量变形能的同时，巷道围岩的大变形得到很好的控制。数值分析结果表明该支护技术控制巷道底鼓和保持巷道整体稳定具有可行性和可靠性。

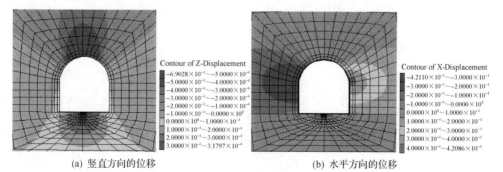

(a) 竖直方向的位移　　　　　　　　　　　(b) 水平方向的位移

图 5-21　围岩与柔层桁架接触后围岩位移图

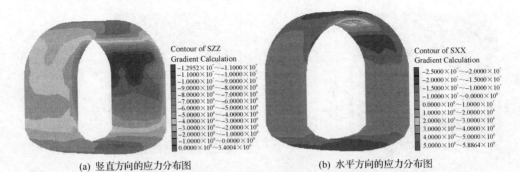

(a) 竖直方向的应力分布图　　　　　　　　(b) 水平方向的应力分布图

图 5-22　围岩与柔层桁架接触后柔层桁架应力分布图

第6章　锚网索-桁架耦合支护技术

本章主要研究锚网索-桁架耦合支护的原理及技术关键和技术特点,介绍锚网索-桁架耦合支护定义,分析了锚网索-桁架耦合支护技术的基本原理、力学机理等方面的内容,并且分析锚、网、索、围岩、桁架间的相互作用关系,并对锚网索-桁架耦合支护设计方法和设计内容进行系统分析。

6.1　概　　述

通过对深部软岩工程稳定性控制原则的阐述,提出其控制对策为锚网索-桁架耦合支护技术。锚网索-桁架耦合支护设计是以软岩非线性大变形设计理论为指导,并根据深部软岩工程耦合支护设计的基本思想,通过对现场工程实际情况的调查分析,进行工程评价,完成包括对策设计、过程设计、参数设计、反馈优化设计等主要内容。本节主要介绍深部软岩工程的非线性大变形设计方法和耦合支护设计的基本思想,对前人在耦合支护技术方面所做的成就进行总结和分析,并以此作为锚网索-桁架耦合支护技术研究的前提和依据。

6.1.1　深部软岩工程耦合支护的概念及原理

根据耦合支护的原理,结合深部软岩工程的实际,本章提出深部软岩工程耦合支护的概念和基本原则。

1. 深部软岩工程耦合支护的概念

由于深部软岩工程岩体所处的复杂地球物理环境,深部软岩工程岩体表现出的力学特性较浅部岩体有很大的不同,在"三高一扰动"的影响下,表现出非线性大变形的力学现象,并且其支护体的破坏并不是整体的突然失稳,而是从支护体的某一个或几个薄弱环节首先产生非线性大变形、局部失稳,进而导致整个支护结构失稳、破坏。因此,要实现对深部软岩工程的有效支护,就必须首先控制薄弱环节,并通过某种手段使薄弱环节得到加强,使支护体与围岩协调变形,耦合支护能够实现上述设想。

深部软岩工程耦合支护是指对深部软岩工程来说,围岩由于高应力和强膨胀产生较大的塑性大变形,由此产生变形不协调。通过多次支护,利用柔性支护和刚性支护,达到围岩和支护耦合的目的,并使其变形协调,从而限制围岩产生有害的变形损伤，实现支护一体化、荷载均匀化，达到深部软岩工程的稳定。

2. 深部软岩工程耦合支护的基本原则

深部软岩工程耦合支护的基本原理就是通过对关键部位的合理、有效支护，限制围岩在关键部位产生的有害变形或差异性变形，使支护体的结构及力学特性与深部软岩工程围岩的结构及力学特性达到刚度耦合、强度耦合和结构耦合。因此，要通过至少两次支护才能使支护体和围岩的耦合，在初次支护的基础上，对引起初次支护失稳的关键部位进行二次(或多次)耦合支护，从而有效控制深部软岩工程的变形和破坏，使其达到稳定。

通过上述对锚网索-桁架耦合支护力学原理和作用特点的分析，可以将锚网索-桁架耦合支护技术的原则概括为以下三个方面。

(1)大幅度释放膨胀变形能。对于深部软岩来说，由于其含有大量的膨胀性矿物，巷道开挖后，必然要释放积聚在围岩中的膨胀变形能，支护形式也应该与围岩的变形相协调。采用柔性支护形式，锚网喷和锚索支护作为初次支护恰好符合要求，能提供一定的支撑力，但又不妨碍围岩变形能的释放。

(2)最大限度保护围岩强度。当膨胀变形能释放到一定程度时，浅部围岩塑性圈已形成，如果继续任其变形，围岩结构将遭到破坏，围岩强度将大大降低，浅部围岩会出现局部变形不均匀，并且和深部围岩变形不协调。因此，在特定的时间必须有足够的支护强度阻止围岩继续变形，立体双桁架支护能提供足够的强度，支撑围岩，其独特的结构，使围岩能够变形协调，不产生差异性变形。

(3)如果满足前述两个条件，初次支护、二次支护、永久支护和围岩开始协调的力学作用，共同控制围岩的稳定。

6.1.2 深部软岩工程耦合支护的基本特征

根据深部软岩工程围岩的变形破坏特征，深部软岩工程实现耦合支护的基本特征在于围岩与支护体在强度、刚度及结构上的耦合(图 6-1)。

1. 强度耦合

由于深部软岩工程围岩本身所具有的巨大的变形能，单纯采取高强度的支护形式不可能阻止其围岩的变形，从而也就不能达到成功进行软岩巷道支护的目的。与浅部工程及硬岩不同的是，深部软岩进入塑性后，本身仍具有较强的承载能力。因此，对于深部软岩工程来讲，应在不破坏围岩本身承载强度的基础上，充分释放其围岩变形能，实现强度耦合，再实施支护。

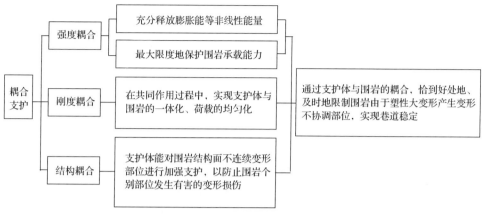

图 6-1　深部软岩工程耦合支护特征

2. 刚度耦合

由于深部软岩工程的破坏主要是变形不协调而引起的，因此，支护体的刚度应与围岩的刚度耦合。一方面，支护体要具有充分的柔度，允许巷道围岩具有足够的变形空间，避免围岩由于变形而引起的能量积聚；另一方面，支护体要具有足够的刚度，将围岩控制在其允许变形的范围之内，避免因过度变形而破坏围岩本身的承载强度。这样才能在围岩与支护体共同作用过程中，实现支护一体化、荷载均匀化。

3. 结构耦合

对于围岩结构面产生的不连续变形，通过支护体对该部位进行加强耦合支护，限制其不连续变形，防止因个别部位的破坏引起整个支护体的失稳，达到成功支护的目的。

6.1.3　深部软岩工程耦合支护设计方法的基本思想

深部软岩工程耦合支护设计方法是在软岩工程耦合支护设计方法的基础上，以深部软岩工程的地球物理环境和工程情况为设计条件，在进行强度设计的同时，也要求支护体与围岩各要素间达到刚度耦合，并在此基础上，实现支护体与围岩系统结构上的耦合。

深部软岩工程耦合支护设计要分步骤进行，分别对每种影响工程稳定的环境和条件进行分析，找出适合的对策，这些对策不仅包括支护形式、支护材料等方面"硬"对策，还包括加卸载顺序和施工过程的"软"对策，因此，要软硬兼施。

深部软岩工程耦合支护设计方法是在一定范围内有效的设计方法，也就是说，通过对深部软岩工程进行临界深度计算后，确定其难度系数和危险指数，根据目前的理论和现场工程实际推断，只有当难度系数在 1～2 的工程，采用该方法才能奏效，当难度系数大于 2 时，工程条件会更加复杂，需要进行更深入的研究，寻找更先进的支护理论和支护设计方法。

6.2　锚网索-桁架耦合支护的概念及力学原理

6.2.1　锚网索-桁架耦合支护的概念

在一般软岩巷道中，通过锚网索-桁架耦合支护就能控制围岩变形，使围岩稳定。但在深部软岩工程中，尤其是柳海矿深部软岩工程中，由于其复杂的工程地质环境，在"三高一扰动"的影响下，强膨胀力的作用下，锚网索支护后，围岩仍然没有稳定，也就是说，锚网索支护与围岩没能达到完全耦合作用，因此，还需要进行第三次支护，才能使巷道稳定。

锚网索-桁架耦合支护可定义为：对于深部软岩工程，由于巷道围岩塑性大变形，产生变形不协调部位，通过锚网索-围岩的耦合作用，使围岩均匀变形，然后，通过立体桁架支护，锚网索-桁架-围岩协调变形，实现支护一体化、荷载均匀化，达到耦合支护的目的。

锚网索-桁架耦合支护材料主要包括锚杆、金属网、锚索、桁架。它们在整个支护体系中所起的作用是不同的。

在锚网索-桁架耦合支护中，锚杆通过与围岩相互作用，在锚杆的锚固范围内形成加固圈，防止围岩松动破坏，并有一定的伸缩性，可随巷道围岩同时变形，而不失去支护能力。

通过网的作用是可以防止锚杆间的松软岩石垮落，提高支护的整体性，同时可使围岩表面受力均匀。

锚索作为一种新型的加强支护方式，由于锚固深度大，可将下部不稳定岩层锚固在上部稳定岩层中，通过施加预紧力，主动支护围岩，能够充分调动巷道深部围岩的强度，锚索的拉伸性能，可使围岩变形均匀。

立体桁架作为整体性能好的支护材料，它的主要作用是在锚网索支护后，能够通过预留的变形空间释放变形能，在桁架与围岩接触后，能提供足够的强度支护围岩，使巷道及围岩稳定。

6.2.2　锚网索-桁架耦合支护的力学原理

通过锚杆与围岩的作用，浅部围岩形成"加固圈"，施加金属网后，锚杆及围岩受力均匀，锚杆支护从点支护转化为面支护，通过锚索支护调动深部围岩强度，浅部围岩与深部围岩协调变形。然后，通过柔层桁架支护，桁架与围岩间的预留变形量可以使部分变形能继续释放，但在锚网索的作用下，围岩不会失稳，当桁架与围岩接触时，桁架有足够的强度和刚度，使锚网索-桁架-围岩协调变形，实现支护一体化、荷载均匀化，达到耦合支护的目的。

围岩和桁架间预留变形空间(通过喷射混凝土填充)的作用是大幅度地吸收高应力强膨胀软岩的大变形。它具有充分的柔度和间隙适应高应力强膨胀软岩的大变形。在锚网索和桁架的控制下，围岩有限制地充分变形，从而形成比较均匀的外部塑性工作状态区和内部弹性工作状态区，以达到把高应力能量转化为均匀变形、高应力转移到围岩内部的目的。

锚网索-桁架耦合支护技术的基本原理如图 6-2 所示。

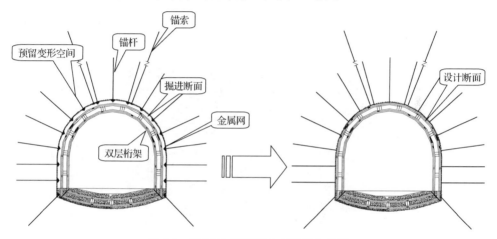

图 6-2　锚网索-桁架耦合支护基本原理

根据深部软岩工程耦合支护的基本特征,锚网索-桁架耦合支护的原理包括耦合锚杆-围岩作用原理、锚杆-耦合网-围岩耦合作用原理、锚网浅部围岩-锚索-深部围岩耦合支护作用原理、锚网索-围岩-桁架耦合作用原理。

1. 耦合锚杆-围岩作用原理

1) 耦合锚杆的概念

对于柳海矿深部软岩工程，由于围岩的塑性大变形，在巷道围岩中已形成塑性松动圈，稳定层上移，在锚杆的锚固范围内，锚杆完全处于破坏岩层内，通过优化布置的锚杆的作用，破坏岩体仍可形成承载圈，具有一定的承载能力。

因此，耦合锚杆是指能使围岩在锚杆锚固范围内，形成相对稳定的、具有一定承载能力的承载圈的锚杆群(经过三维优化布置的锚杆群)。

2) 耦合锚杆-围岩作用原理

锚杆与围岩作用过程中，单根锚杆的作用、平行布置锚杆的作用与三花布置的耦合锚杆的作用范围和作用机理完全不同，三花布置的耦合锚杆的作用范围以及对围岩加固效果是最理想的。下面分别对上述三种形式的原理进行简要分析。

(1)单根锚杆的作用原理。

传统的组合拱设计观点认为，巷道围岩施加锚杆后所形成的组合拱厚度与锚杆的间排距、锚杆对岩体的控制角 α 有关，通常取 45°。

根据数值模拟研究结果，单根锚杆周围岩体的应力分布如图 6-3 所示。当锚杆与围岩在刚度上相差两个数量级时，锚杆的作用范围比通常认为的锚杆顶端沿 45°向下的区域增加 60%左右。但是，单根锚杆的作用范围有限，不能和围岩形成有机的整体。

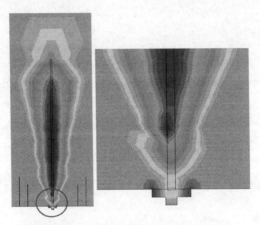

图 6-3　单根锚杆作用应力分布图

(2)平行布置锚杆的作用原理。

和单根锚杆与围岩作用效果相似，平行布置锚杆加固岩体的深度与单锚基本相同，如果锚杆间排距选择合理，平行锚杆的锚固范围较单根锚杆有所增加，并且平行锚杆与围岩的耦合程度也有所改善，对围岩的锚固范围达到约 70%(图 6-4，图 6-5)。

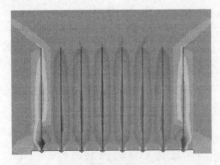

图 6-4　平行锚杆加固作用应力分布图

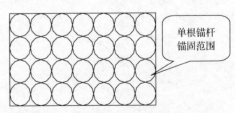

图 6-5　平行布置锚杆锚固范围示意图

(3)三花布置的耦合锚杆的作用原理。

当锚杆采用三花布置时，锚杆对围岩的加固效果达到最优(与平行布置锚杆相比)，锚固范围达到最大，使锚杆与围岩耦合，最大限度地保护围岩(图 6-6)。

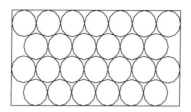

图 6-6　耦合锚杆锚固范围示意图

2. 锚杆-耦合网-围岩耦合作用原理

由于柳海矿深部软岩工程的特殊性和复杂性，锚杆与金属网的耦合作用，以及它们与围岩的耦合作用十分重要，过强或过弱的锚网支护，都会引起局部应力集中而造成巷道破坏。只有当锚网和围岩强度、刚度达到耦合时，变形才能相互协调。

1)耦合网的作用原理

为了分析锚杆-耦合网-围岩的作用原理，首先研究金属网在锚网支护中的作用和耦合网的作用原理。对于柳海矿深部软岩工程，由于其膨胀性大、围岩节理裂隙发育、围岩破碎，在布设锚杆后，围岩仍然不能成为整体，通过铺设钢筋网，支护强度比单纯的锚杆支护有所提高。

如图 6-7 所示，当巷道开挖后，围岩的受力状态发生改变。不同部位的岩体，由于其受力状态不同，所表现出的强度特性也各不相同。对于巷道顶板及底板的 A 点和 C 点，处于受拉状态，而岩石的抗拉强度相对较低，也极易发生破坏。对于

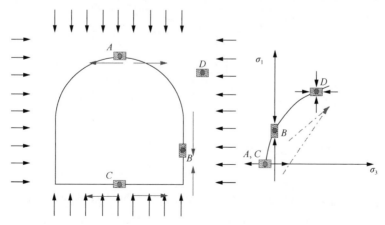

图 6-7　巷道围岩受力分析图

σ_1.最大主应力；σ_3.最小主应力

巷道帮部的 B 点，处于受压状态，因此其强度表现要比 A 点高。而围岩内部的 D 点，仍处于三向受力状态，其强度表现相对最高。布设锚杆后，A 点和 B 点的强度都有所提高，铺设钢筋网后，巷道表面形成整体，使锚杆的点支护向锚网的面支护转化，并使原来的单纯受拉或受压的 A 点和 C 点受力状态发生改变，向三向受力状态转移。因此，顶网的作用是使 A 向 D 转移，帮网的作用是使 B 向 D 转移。

2)锚杆-耦合网-浅部围岩耦合作用原理

锚杆-耦合网-浅部围岩耦合的标志是围岩应力集中区在协调变形过程中，向低应力区转移和扩散，随着围岩受力由集中应力区向低应力区转化，锚杆受力趋于均匀化，围岩的应力场和应变场趋于均匀化，从而达到最佳支护效果。

(1)围岩集中应力区扩散、转移、均匀化。

数值模拟研究结果表明，在巷道掘进初期，巷道围岩顶部应力迅速集中，是巷道垮落危险区域；在实施锚网耦合支护后，顶部应力集中区迅速下降，而帮部低应力区应力状态迅速提高，整个围岩不同部位应力状态趋于均匀化。由此可见，实施锚网耦合支护技术以后，围岩支护状态从开放环境到封闭力学环境，围岩集中应力区向低应力区发生了转移和扩散。如图 6-8 所示，1 区为掘进锚喷后围岩应力状态，2 区为锚网耦合后的应力状态，3 点为拉应力向压应力转化的中性点，4 为应力变化趋势。

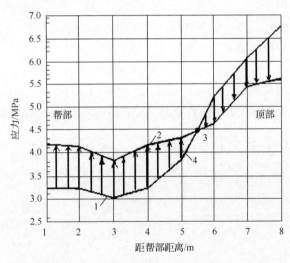

图 6-8　锚网围岩耦合作用集中应力区转化过程示意图

(2)围岩应力场均匀化。

从图 6-9～图 6-12 的应力分布图可以看出，在不耦合支护下，水平和竖直方向应力都在局部出现明显的大范围的应力集中。而实施锚网耦合支护后，应力集中范围明显变小，应力值变大。

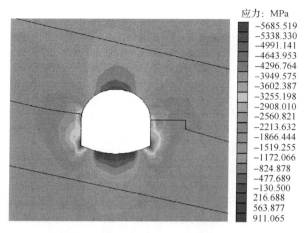

图 6-9　不耦合支护下的 σ_x 应力分布图

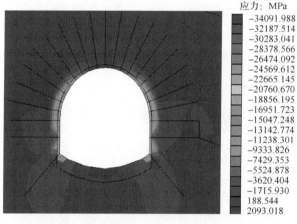

图 6-10　锚网围岩耦合支护下的 σ_x 应力分布图

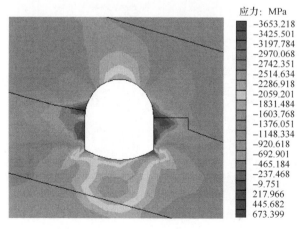

图 6-11　不耦合支护下的 σ_y 应力分布图

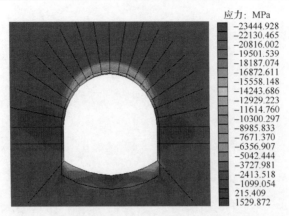

图 6-12　锚网围岩耦合支护下的 σ_y 应力分布图

　　由图 6-13 与图 6-14 的剪应力分布图可以看出，不耦合支护下的剪应力在巷道的两角部和顶部的两边较为集中，而锚网耦合支护下的剪应力主要出现在支护体内，并且应力分布较为均匀。

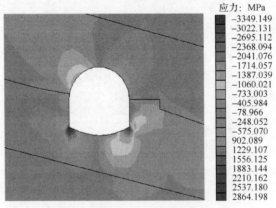

图 6-13　不耦合支护下的 τ_{xy} 剪应力图

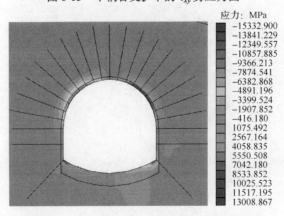

图 6-14　锚网-围岩耦合支护下的 τ_{xy} 剪应力图

(3)围岩位移场均匀化、变形缩小化。

图 6-15 和图 6-16 为不耦合支护与锚网-围岩耦合支护下的围岩变形图。从图中可以看出，锚网-围岩耦合支护下的岩体变形明显小于不耦合支护下的岩体变形，巷道整体变形也更均匀。

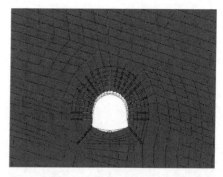

图 6-15　不耦合支护下巷道围岩变形图　　　图 6-16　锚网-围岩耦合支护下巷道围岩变形图

锚网-围岩耦合支护下的岩体变形明显小于不耦合支护下的岩体变形，同时，巷道整体变形也更均匀，但由于条件复杂，变形量仍然较大。

3. 锚网浅部围岩-锚索-深部围岩耦合支护作用原理

经过锚网-围岩耦合支护作用后，锚、网与围岩已基本成为一整体，并且在巷道表面和锚固范围内形成具有一定承载能力的承载圈。但是，由于只有浅部围岩参与锚网支护过程，还不足以抵抗类似柳海矿深部软岩工程的大变形和高应力，围岩的变形量和变形速率仍然较大，并且仍有差异性变形，巷道处于不稳定状态。因此，需要利用深部岩体中蕴藏的大量能量、调动深部岩体中较高的岩体强度，使其参与支护过程，从而减少作用在支护体上的作用力，通过在关键部位布设长锚索，可以达到上述效果。

锚索关键部位耦合支护就是根据位移监测结果和现场调查，在支护体的薄弱点、应力集中点或围岩出现差异性变形的部位，在围岩变形速率变小时，施加锚索，最大限度地发挥围岩的自承能力，使支护体所受的围岩压力最小。

根据上述分析，以柳海矿深部软岩工程条件为例，对有无锚索情况分别进行数值模拟，计算结果如图 6-17～图 6-20 所示。可以看出，无锚索支护时，巷道周围形成"双耳"应力集中现象，常常造成巷道帮部剪坏；在关键点上施加锚索后，浅部围岩剪应力集中程度明显减小，深部岩体的剪应力水平显著增加，表明调动了深部岩体强度，控制了浅部岩体的稳定性。无锚索支护时，巷道拱顶应力集中程度较高；施加锚索后，应力集中程度大幅度降低，同时使深部围岩岩体应力发生集中。

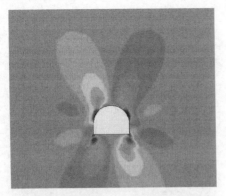

图 6-17　无锚索时 τ_{xy} 应力图

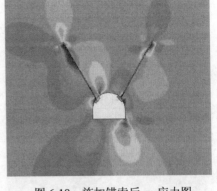

图 6-18　施加锚索后 τ_{xy} 应力图

图 6-19　无锚索时 σ_y 应力图

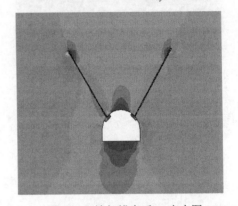

图 6-20　施加锚索后 σ_y 应力图

通过比较可以看出，施加锚索支护后与施加前巷道围岩应力分布具有明显不同，主要表现在施加锚索支护后，剪应力明显向巷道深部围岩延伸、扩张，应力集中程度相对减小，在巷道围岩深部锚索顶端出现拉应力集中区。这说明锚索的作用，使巷道深部岩体也承担了浅部围岩的支护荷载，从而减小了巷道的变形量。同时，巷道开挖后，围岩的强度由空区向深部逐渐增大到原岩强度，通过锚索的作用，调动了巷道深部围岩的强度，从而达到了对巷道浅部围岩的支护效果。

4. 锚网索-围岩-桁架耦合作用原理

对于一般软岩工程而言，经过锚网索支护后，变形已趋于稳定，围岩应力也在允许范围内，围岩已趋于稳定。但对于柳海矿古近系深部软岩工程来说，虽然围岩变形速率得到极大的控制，变形量也较小，但却在持续变化中，围岩应力仍然较大，需要进行第三次支护，立体双桁架支护可以解决上述问题。因此，本节对立体双桁架的作用特点，以及锚网索-围岩-桁架耦合作用的原理进行分析研究。

1）立体双桁架的作用特点

普通钢架支护产生的破坏主要是弯曲变形和扭曲变形等刚度破坏，以及剪坏和拉坏等强度破坏。这主要是由于普通钢架本身结构刚度底、整体性差。普通钢架的劣势是结构刚度低，抗弯、抗扭能力差，优势是材料强度高，抗拉、抗压及抗剪能力强（图 6-21）。立体双桁架的作用特点正是基于上述普通钢架变形破坏特点，利用钢架的优点，通过力学设计转化其缺点。

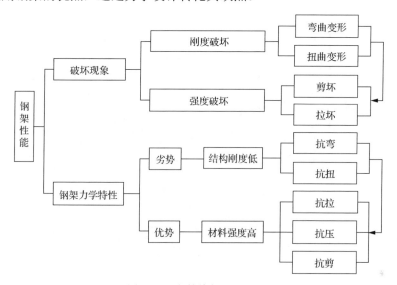

图 6-21　立体桁架设计原理

立体双桁架是一种全封闭、整体式力学结构。在纵向上，利用短工字钢作为连接件，将单层的工字钢支架连接成双层工字钢支架；在横向上，利用角钢加工成的拉杆，并通过焊接于工字钢支架上的拉杆连接件将多架支架在现场连接成立体双桁架。内外层支架在加工时，预先焊接完成，拉杆是在现场施工时通过螺栓连接，详细结构如图 6-22 所示。

立体桁架的主要优点是把钢架的抗弯、抗扭的部位通过结构优化设计转化为抗拉、抗压或抗剪的性能，立体桁架的受力情况如图 6-23 所示。底角部消力接口的主要作用是平衡来自垂直于巷道走向方向围岩的不均匀荷载，使荷载相对较均匀地作用在整个桁架上；桁架间拉杆的主要作用是传递来自于巷道走向方向的不均衡力，使原来作用在不同桁架上大小不等的荷载能够沿着巷道走向在桁架间传递，最终使桁架整体受力均匀，从而提高桁架的承载能力。

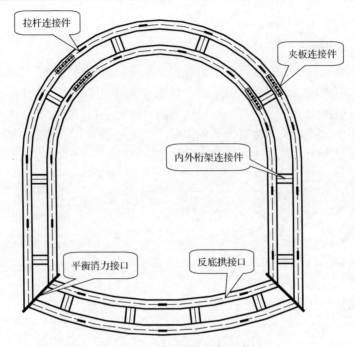

图 6-22　立体双桁架结构示意图

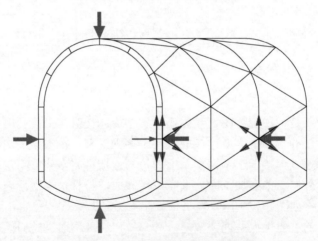

图 6-23　立体桁架受力情况示意图

　　由于桁架为带有反底拱的全封闭式结构，防治底鼓的效果非常显著，这一点对于类似龙口矿区深部高应力强膨胀软岩巷道非常重要。底板的稳定对整个巷道的稳定有至关重要的作用，从这一特点来说，连接两帮和底拱消力接口力的传递作用，以及桁架间拉杆的相互传递不平衡作用力，使立体双桁架能平衡来自底部的较大的不平衡力。因此，全封闭的立体桁架支护效果较其他开放式结构有无可比拟的优势。

2) 锚网索-围岩-桁架耦合作用原理

通过对立体桁架结构及受力特点的分析，明确了立体桁架的作用特点，下面将对锚网索支护后的围岩与立体双桁架耦合作用原理和作用关系进行分析。

锚网索支护后，围岩应力集中程度已经较小，但由于深部软岩的高应力、强膨胀、节理化的工程特性，仍有局部位置出现应力集中，并因此导致局部出现差异性变形。因此，可以利用立体双桁架的优势特性，并通过在围岩和立体双桁架间预留变形空间转化变形能，阻止进一步有害变形的产生，从而形成比较均匀的外部塑性工作状态区和内部弹性工作状态区。

锚网索-围岩-桁架耦合作用过程可以围岩变形量和变形速率分为四个阶段 (图 6-24)，即第一阶段 (OA 段) 为变形加速段：巷道开挖-初次锚网喷支护，T_1 为锚网喷支护时间；第二阶段为变形趋缓段 (AB 段)：初次锚网喷支护-挖底架设桁架、布设锚索，T_2 为锚索支护和架设桁架时间；第三阶段为减速变形段 (BC 段)：挖底架设桁架、布设锚索-围岩与桁架接触，T_3 为围岩与桁架接触时间；第四阶段为变形稳定段：围岩与桁架接触-永久支护，T_4 为围岩与桁架相互作用结束，围岩稳定时间。

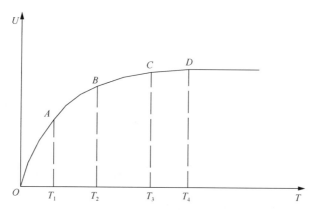

图 6-24　锚网索桁架耦合作用过程围岩变形曲线示意图

上述四个阶段实质是围岩中蕴藏的各种能量释放、转移和转化过程的表现。巷道开挖后，围岩中蕴藏的主要能量包括开挖产生的应力集中能、深部高应力能、膨胀变形能、构造应力能、工程偏应力能、重力能等。不同的支护过程和支护方式会转移和转化不同的能量。

锚网索-桁架耦合支护过程包含三个能量转化过程：锚网喷支护转化开挖产生的应力集中能、膨胀变形能和构造应力能；预留变形空间转化深部高应力能和膨胀变形能；围岩与桁架相互作用转化重力能和工程偏应力能等。这些过程以支护体或围岩变形的形式释放、转移和转化。

根据上述分析，以龙口矿区柳海矿深部软岩工程井底车场巷道为例，对锚网索-桁架耦合支护作用进行数数值模拟研究，分析架设双桁架后围岩的应力和位移情况，数值模拟结果如图 6-25 和图 6-26 所示。

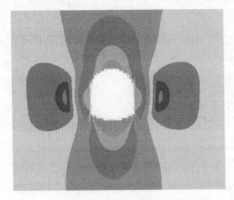 

图 6-25　锚网索-桁架耦合支护后围岩　　　　图 6-26　锚网索-桁架耦合支护后围岩
应力（σ_y）图　　　　　　　　　　　　变形（σ_y）图

从数值模拟结果可以看出，架设桁架后，并通过与锚网索、围岩的相互作用，围岩应力分布更加均匀(图 6-25)，同时，桁架的作用，使围岩的最终变形量大大减少，并最后趋于稳定(图 6-26)。

综上所述，锚网索-桁架耦合支护通过巷道开挖→锚网支护(利用浅部围岩强度)→锚索支护(调动深部围岩强度)→立体双桁架支护(转化预留变形空间)等步骤，完成了围岩的能量转化过程，有效地保护了围岩强度，并为围岩和支护体相互作用提供了良好条件。

6.3　锚网索-桁架耦合支护的技术关键及特点

6.3.1　锚网索-桁架耦合支护的技术关键

锚网索-桁架耦合支护的成功，取决于锚索支护最佳位置和最佳时间，以及桁架后预留变形空间量的确定。

1. 锚索支护最佳位置和最佳时间的确定

巷道围岩破坏是一个渐进的、从局部到整体的破坏过程，并且总是从围岩或支护系统的某一个或几个位置首先变形、损伤，进而导致整个系统的失稳和破坏，岩性及支护质量等原因，局部应力集中、局部能量积聚，造成围岩不连续变形，并且变形区域逐渐扩大，最终导致整个支护系统失稳。首先发生不连续变形或破坏的区域就是锚索支护的最佳位置。

通过对巷道围岩变形特征的分析，可以根据围岩的裂纹扩展特征确定最佳支护位置。巷道围岩在地应力和工程荷载等作用下，出现明显变形之前，通常在局部位置出现微裂纹和高应力腐蚀等现象，可以推断裂纹产生的部位和高应力腐蚀的准确部位，以及该部位工程荷载性质，据此可以确定锚索支护的最佳位置，并确定锚索支护参数。

确定了最佳支护位置后，需要确定最佳支护时间。根据大量的现场破坏情况调查，张性、张扭性裂纹宽度达到 1～3mm 时，巷道表面各点的位移量基本达到设计变形量的 60%，这时即认为是锚索支护的最佳时间。现场施工中，通常根据位移-时间(U-t)曲线进行判定，具体方法如图 6-27 所示，通过对巷道表面位移的监测，在 T_0 附近时巷道表面位移变化速率由快转为平缓。因此，T_0 附近作为锚索支护的最佳时间。

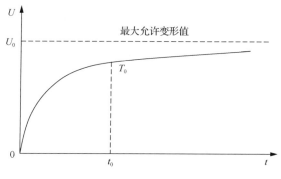

图 6-27　最佳支护时间的确定

2. 桁架后预留变形空间的确定

桁架与围岩间预留的变形空间的合适与否，直接影响到桁架的支护作用好坏，以及围岩的稳定与否。因为，过小的预留变形空间使变形能未能充分释放，作用在桁架上的围岩压力将超过桁架的设计承载力，使桁架破坏，进而使围岩失稳；如果预留的变形空间过大，使围岩的变形超过其稳定的变形允许量，围岩失稳，桁架支护作用失效。

预留变形空间的原则是保证充分释放高应力强膨胀变形能的同时又不损害围岩自身的支撑能力。

6.3.2　锚网索–桁架耦合支护的技术特点

通过上述分析和现场工程实际，锚网索-桁架耦合支护的技术特点可归纳如下：

(1)该技术适用于高应力强膨胀大变形的深部软岩工程；

(2)最大限度地利用和发挥围岩的自承能力,通过锚网索耦合支护补充深部围岩强度,使锚网-浅部围岩-锚索-深部围岩-桁架达到完全耦合,实现变形协调;

(3)充分转化了围岩中膨胀性塑性能,释放了围岩中的高应力变形能;

(4)支护体有足够的强度和刚度限制差异性、有害变形的产生,适时支护;

(5)不仅进行支护材料的强度设计,使支护体间、支护体与围岩间达到强度耦合,还注重刚度设计,使支护体间达到刚度耦合。

综上所述,锚网索-桁架耦合支护的特点可以总结为大断面、锚网索、封闭式、小支架、预留量。锚网主动支护浅部围岩,使浅部围岩与锚网共同形成"承载圈",锚索二次支护调动深部岩体强度,使锚索-深部围岩-锚网-浅部围岩变形协调,通过双桁架的作用,最终使锚网索-桁架-围岩耦合作用,围岩稳定。

6.4　锚网索-桁架耦合支护设计主要步骤

6.4.1　基本思路

考虑到深部软岩工程的复杂性,锚网索-桁架耦合支护设计的基本思路应该包括如下几个方面。

(1)深部软岩工程变形的不耦合特点,决定了其支护不可能一次完成,而是一个过程,需要进行二次或多次支护设计。

(2)允许围岩产生变形,但其变形必须在支护体允许的变形范围内,要求初次锚网(或二次锚索)支护必须有一定的柔性以释放变形能。

(3)在进行二次锚索支护时,准确确定支护时间和位置是支护成功的关键。

(4)在变形达到锚杆(索)柔性变形允许值时,刚性支护必须已经与围岩接触,并对围岩有足够的承载能力,因此要求预留的变形空间必须适当,以保证支护的耦合。

6.4.2　主要步骤

在确定了深部软岩工程锚网索-桁架耦合支护设计的基本思路后,将对支护设计的主要步骤进行分析。

传统的支护设计只强调支护的强度设计,而不注意刚度设计和支护系统结构设计。以非线性大变形设计理论为基础的锚网索-桁架耦合支护设计方法首先进行深部软岩工程评价,并分析原支护中存在的问题,确定深部软岩工程的变形力学机制,进行对策设计、过程优化设计和参数设计,然后对上述设计结果进行数值模拟研究,验证设计过程和参数的准确性,随后确定现场工程试验地点,进行现场工程试验,并进行现场监测,根据监测结果,优化支护参数,最后提交优化支护工程设计方案和现场施工。

　　根据上述分析，锚网索-桁架耦合支护设计的主要步骤可以概括为以下几点。

　　第一步：深部软岩工程地质条件分析。包括工程地质条件分析、力学参数确定、实验室物化成分分析、围岩宏观和微观结构分析等内容。

　　第二步：原支护存在问题及破坏原因分析。对原有支护形式进行详细分析，找出原支护形式存在的问题，并分析不耦合的具体形式。强度不耦合，将造成过载区局部先破坏；刚度不耦合，将造成围岩强度恶化，能量不断积聚，使支护荷载增加，支护体破坏；结构不耦合，将造成结构面的不连续变形和支护体的不连续变形，使不连续变形部位首先破坏。

　　第三步：确定深部软岩变形力学机制。通过上述分析结果，确定深部软岩复合型变形力学机制，并确定转化机制，进行对策设计。

　　第四步：过程设计。确定深部软岩工程总体施工顺序，然后进行单项工程过程设计，包括开挖顺序和支护顺序优化设计。

　　第五步：参数设计。参数设计主要完成初次锚网喷支护参数设计，二次锚索支护时间和位置设计，以及预留变形空间计算和桁架排距确定等。

　　第六步：数值模拟。对已设计完成的支护参数和施工过程进行数值模拟，验证参数和过程的合理性，并进行反馈设计，如果支护参数和过程不合理，重新进行过程设计和参数设计。

　　第七步：现场工程试验和施工监测。根据设计参数和施工过程，选定现场试验工程进行试验，并适时进行施工监测，根据监测结果，优化支护参数。

　　第八步：提交最优支护设计方案和现场施工。提交优化后的设计方案，包括支护设计图纸、支护设计参数表、施工过程设计和施工监测设计，并组织现场施工。

　　第九步：工程推广应用。将最优方案在类似工程中推广应用。

6.5　锚网索-桁架耦合支护设计内容

　　通过对锚网索-桁架耦合支护设计的基本思路和主要步骤的分析，总结出锚网索-桁架耦合支护设计的主要内容包括深部软岩工程评价、耦合对策设计、施工过程设计、支护参数设计和监测设计。

6.5.1　工程评价

　　深部软岩工程评价是整个设计的基础，应该在全面、广泛地对现场工程地质条件调查分析的基础上进行，并借助实验室完成相关微观结构测试和物化成分分析。

通过深部软岩工程评价可取得支护参数设计所需要的岩石力学参数,包括单轴抗压强度、最大主应力的方向和大小、主要构造分布情况以及岩石变形模量等参数。另外,岩石的膨胀性矿物含量和微观结构情况也可以通过试验得到。

6.5.2　对策设计

深部软岩巷道之所以具有大变形、大地压、难支护的特点,是因为软岩巷道围岩并非具有单一的变形力学机制,而是同时具有多种变形力学机制的"并发症"和"综合征"——复合型变形力学机制,复合型变形力学机制是软岩变形和破坏的根本原因。因此,要想有效地进行深部软岩巷道支护,单一的支护方法难以奏效,必须采取"对症下药"的符合这种"综合征"和"并发症"特点的联合支护方法。为此,要对深部软岩巷道实施成功支护,须运用三个技术关键:①正确地确定软岩变形力学机制的复合型;②有效地将复合型变形力学机制转化为单一型;③合理地运用复合型变形力学机制的转化技术。

不同的变形力学机制类型有不同的支护技术对策要点,而且软岩巷道类型的共性是具有"并发症"和"综合征"的复合型。因此,支护的关键技术对策是有效地把复合型转化为单一型。由于各软岩"综合征"的内在变形力学机制不同,其转化的对策有所不同,对应的转化技术也不同。因此,要做好软岩支护工作,除了正确地确定深部软岩巷道变形力学机制类型、有效地转化复合型的变形力学机制之外,还要十分注重并合理地运用复合型向单一型转化技术,即与软岩变形过程中每个支护力学措施的支护顺序、时间、效果密切相关,每个环节都将是十分考究的,必须适应其复合型变形力学机制特点。只有这样,才能保证支护做到"对症下药",才能保证支护成功。

深部软岩工程锚网索-桁架耦合支护技术能否成功的关键之一就是能否准确确定深部软岩工程的变形力学机制及其复合型。不同的变形力学机制类型有不同的支护技术对策要点,而且深部软岩工程的共性是具有"并发症"和"综合征"的复合型。因此,耦合对策设计的内容包括变形力学机制确定、围岩结构耦合、支护系统耦合和耦合转化技术确定。

1. 变形力学机制确定

每种变形力学机制有其独有的特征型矿物、力学作用和结构特点,表 6-1 列举了软岩巷道的破坏特征,这些特征在深部软岩工程中绝大多数都存在,因此可以参照这些特征确定深部软岩工程的变形力学机制。

表 6-1　软岩巷道变形机制及破坏特点

类型	亚型	控制性因素	特征型	软岩巷道工程变形破坏特点
Ⅰ型	I_A 型	分子吸水机制，晶胞之间可吸收无定量水分子，吸水能力强	蒙脱石型	围岩暴露后，容易风化、软化、裂隙化，因而怕风、怕水、怕震动；Ⅰ型巷道底鼓、挤帮、难支护，其严重程度从 I_A 型、I_{AB} 型、I_B 型依次减弱；I_C 型则看微隙发育程度
	I_{AB} 型	I_A 和 I_B 取决于混层比	伊蒙混层型	
	I_B 型	胶体吸水机制，晶胞之间不允许进入水分子，黏粒表面形成水的吸附层	高岭石型	
	I_C 型	微隙-毛细吸水机制	微隙型	
Ⅱ型	II_A 型	残余构造应力	构造应力型	变形破坏与方向有关，与深度无关
	II_B 型	自重应力	重力型	与方向无关，与深度有关
	II_C 型	地下水	水力型	仅与地下水有关
	II_D 型	工程开挖扰动	工程偏应力型	与设计有关，巷道密集，岩柱偏小
Ⅲ型	III_A 型	断层、断裂带	断层型	塌方、冒顶
	III_B 型	软弱夹层	弱层型	超挖、平顶
	III_C 型	层理	层理型	规则锯齿状
	III_D 型	优势节理	节理型	不规则锯齿状
	III_E 型	随机节理	随机节理型	掉块

通过野外工程地质研究和室内物化、力学试验分析及理论分析，可以正确地确定深部软岩工程的变形力学机制类型。Ⅰ型变形力学机制主要依据其特征矿物和微隙发育情况进行确定；Ⅱ型变形力学机制主要是根据受力特点及在工程力作用下巷道的特征来确定；Ⅲ型变形力学机制主要是受结构面影响的非对称变形力学机制，要求首先鉴别结构面的力学性质及其构造体系归属，然后再依据其产状与巷道走向的相互交切关系来确定。

深部软岩工程的变形力学机制不是单一的，而是集多种变形力学机制于一体的复合型变形力学机制，复合型变形力学机制是软岩巷道难支护的根本原因。

2. 围岩结构耦合

深部软岩工程所处部位的围岩结构类型决定了支护的难易程度。

不同巷道断面形状和尺寸所形成的围岩结构不同。巷道断面缩小能使围岩结构优化。当巷道很小时，其围岩结构为整体结构；但随着断面尺寸的变大，巷道断面围岩结构会成为块状结构、块裂结构、碎裂结构，甚至散体结构。因此，根据实际情况，选择合理的断面形状及巷道位置，优化巷道围岩结构，才能充分发挥巷道围岩自身强度，达到围岩在结构上的耦合。

3. 支护系统耦合

根据巷道围岩强度条件，确定合理的支护材料，使支护体与围岩在强度、刚度上实现耦合，充分发挥围岩自身强度；同时，正确确定巷道的关键部位进行加强支护，使支护体在结构上实现耦合，从而使支护体与围岩构成的支护系统形成统一体，才能充分提高整个支护系统的稳定性。

根据前述研究结果，支护材料选择的原则具体如下：

(1)锚杆杆体弹性模量与围岩弹性模量互相耦合(一般相差两个数量级左右)。

(2)锚杆托盘材料强度小于锚杆材料强度，其尺寸大小根据围岩结构及支护强度确定。一般对于碎裂、散体结构围岩，锚杆托盘尺寸应大于块裂结构、整体结构围岩锚杆托盘。

(3)金属网的选择根据围岩结构及支护强度确定。对于碎裂、散体结构围岩，一般选择金属网；对于块裂结构围岩，一般可选择经纬网、菱形网或塑料网。

4. 耦合转化技术确定

由于各软岩"综合征"的内在变形力学机制不同，其耦合转化的对策有所不同，对应的转化技术也不同。软岩巷道成功支护的技术关键是如何通过各种耦合支护技术有效地把复合型转化为单一型。

图 6-28 列举了部分复合型向单一型的耦合转化技术。随着对软岩变形力学机制研究的不断深入以及实践经验的不断积累和新技术的不断涌现，复合型向单一型转化技术也将不断地得到补充和完善。

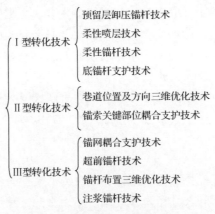

图 6-28　复合型向单一型耦合转化技术

6.5.3　过程设计

深部软岩工程非线性力学特性决定了施工过程的相关性，因此必须进行过程设计，由于过程的复杂性和破坏性，不可能在现场逐一进行试验，只能通过计算机数值模拟来完成所有可能出现的过程，并从中选择最优过程在现场实施。

对于类似柳海矿深部软岩工程的综合巷道工程,过程设计主要包括两个方面:工程总体施工顺序设计和巷道卸载(开挖)及加载(支护)过程设计。

工程总体施工顺序是指不同工程施工的先后顺序,设计的主要原则是尽量减少或避免工程施工造成的对相邻工程的扰动影响,并且避免对某一工程的多次扰动。

对深部软岩工程来讲,不同的卸载(开挖)顺序将会产生不同的围岩损伤、变形结果。根据巷道围岩工程地质条件,通过计算机数值模拟进行卸载过程优化设计时,应通过对比巷道不同卸载顺序所产生的应力分布结果、巷道塑性区范围以及巷道围岩位移变形情况,综合分析巷道围岩条件和具体施工条件,选择塑性区范围相对最小、应力分布相对最均匀、巷道围岩位移量相对最小的方案为最佳的卸载顺序。

加载过程的合理优化是将复合型的变形力学机制转化为只具有单一变形力学机制——重力机制的技术手段。在复合型向单一型转化过程中,软岩的变形过程与每个支护力学措施的支护顺序、时间、效果密切相关,每个环节都将十分考究,必须适应其复合型变形力学机制特点。只有这样才能保证支护做到"对症下药",保证支护成功。根据不同施工过程,巷道围岩所产生的塑性区范围、应力分布结果以及巷道围岩位移变形结果,选择塑性区范围最小、应力分布最均匀、巷道围岩位移量最小的方案为最佳加载过程方案。

6.5.4 参数设计

通过力学对策设计和过程优化设计,将复合型变形力学机制转化为单一重力机制的变形力学机制后,就可以进入耦合参数设计阶段。

深部软岩工程支护参数设计的关键是确定巷道支护荷载。本书以孙晓明博士论文中有关静压巷道支护荷载的确定方法作为锚网索支护参数确定的依据。

巷道围岩失稳破坏的主要原因是支护体与巷道围岩之间出现强度不耦合、刚度不耦合、变形不耦合及其他不耦合因素综合作用的结果。当其处于耦合状态时,巷道能够保持稳定的平衡状态;当某些部位出现不耦合时,支护体不能抵御巷道围岩的变形与破坏时,支护体和围岩将在其不耦合的部位发生变形和破坏,进而导致整个巷道的失稳。

深部软岩工程耦合支护参数包括初次锚网耦合支护参数、二次锚索耦合支护参数、预留变形量等。

1. 初次锚网耦合支护参数

在计算支护参数时,应首先考虑巷道围岩与支护材料的耦合。在锚网与围岩耦合的情况下,再进行支护参数的确定。

1) 锚杆长度确定

锚杆长度可按下式确定：

$$L_b = l_{b_1} + l_{b_2} + l_{b_3} \tag{6-1}$$

式中，L_b 为锚杆长度，m；l_{b_1} 为锚杆外露长度，一般取 0.1~0.15m；l_{b_2} 为锚杆有效长度，m；l_{b_3} 为锚杆锚固长度，一般取 0.3~0.4m。

锚杆有效长度（l_{b_2}）的确定方法如下。

顶：

$$l_{b_2} = L_p - \frac{(a/2)^2 + (c+d)^2}{c+d}$$

帮：

$$l_{b_2} = L_p - \frac{a}{2}$$

式中，a 为巷道宽度（圆形巷道直径），m；c 为直墙圆拱形巷道墙高，m；d 为直墙圆拱形巷道拱高，m；L_p 为塑性软化区范围，m。塑性软化区范围可由下式确定：

$$L_p = a \left[\frac{(2P_0 - \sigma_c)\sin\phi_0 + 2C\sqrt{K_p}}{(K_p - 1)P_i + 2C\sqrt{K_p}} \right]^{\frac{1}{K_p - 1}} \tag{6-2}$$

式中，σ_c 为岩石强度，MPa；C 为岩石内聚力，MPa；ϕ_0 为岩石峰值内摩擦角，(°)；P_0 为巷道围岩应力，kN/m^2；a 为巷道宽度，m；P_i 为使围岩不出现软性软化的最小支护力，kN/m^2。

P_i 由下式确定：

$$P_i = P_0 - \sigma_{cs}$$

式中，σ_{cs} 为巷道围岩的软化临界荷载，kN/m^2。

$$K_p = \frac{1 + \sin\phi_0}{1 - \sin\phi_0}$$

2) 锚杆间排距确定

锚杆按等距排列，即 $S_b = S_c = S_l$，根据每根锚杆所承担的支护荷载，则可由下式确定锚杆的间排距：

$$S_b = \left(\frac{[\sigma_b]}{P} \right)^{\frac{1}{2}} \tag{6-3}$$

式中，S_b 为等距排列时的锚杆间排距，m；S_c 为锚杆间距，m；S_l 为锚杆排距，m；$[\sigma_b]$ 为单根锚杆的极限破断力，kN；P 为巷道各部位支护荷载，kN/m^2。

$$P_{sr} = k \cdot \frac{W_{\mathrm{I}}}{L_r} \tag{6-4}$$

$$P_{sw} = k \cdot \frac{W_{\mathrm{II}}}{L_w} \tag{6-5}$$

$$L_r = \left[\pi - 2\arctan\left(\frac{a}{2d} \right) \right] \frac{(a/2)^2 + d^2}{2d}$$

$$W_{\mathrm{I}} = \left\{ a\left[L_p - \frac{(a/2)^2 + (c+d)^2}{2(c+d)} + \frac{d}{2} \right] - \left(\pi - 2\arctan\frac{a}{2d} \right)\left[\frac{(a/2)^2 + d^2}{2d} \right]^2 \right.$$
$$\left. + \frac{1}{2}\left[L_p - \frac{(a/2)^2 + (c+d)^2}{c+d} + d \right]^2 \sin 2\beta \right\}\gamma$$

$$W_{\mathrm{II}} = \left[\frac{1}{2}\left(L_p - \frac{(a/2)^2 + (c+d)^2}{c+d} + d \right) + \frac{c}{4} \right] c\sin 2\beta \cdot \gamma$$

式中，k 为支护安全系数，k 取值范围为 1.05～2.0；P_{sr} 为巷道顶板支护荷载，kN/m^2；P_{sw} 为巷道帮部支护荷载，kN/m^2；a 为巷道宽度(圆形巷道直径)，m；c 为直墙圆拱形巷道墙高，m；d 为直墙圆拱形巷道拱高，m；L_r 为巷道顶板承载长度，m；L_p 为塑性区范围，m；γ 为计算范围内上覆岩层平均容重，kN/m^3；W_{I} 为顶板荷载计算范围内岩体重量，kN；W_{II} 为帮部荷载计算范围内岩体重量，kN。

2. 二次锚索耦合支护参数

锚索支护的主要作用是在关键部位实施加强支护，实现支护体结构上的耦合；通过施加预应力，增加锚固岩层的整体性；在锚杆支护失稳状态下，锚索能够悬吊冒落拱中岩石的重量，增加支护的安全性。

根据锚索支护设计原则，锚索支护应在关键部位出现时的最佳支护时间对关键部位进行加强支护，此时的锚索支护参数由以下公式进行确定。

1) 锚索长度确定

锚索长度可按下式确定:

$$L_a = l_{a_1} + l_{a_2} + l_{a_3} \tag{6-6}$$

式中, L_a 为锚索长度, m; l_{a_1} 为锚索外露长度, 一般取 0.3m; l_{a_2} 为锚索有效长度, m; l_{a_3} 为锚索锚固长度, 一般取 1.0~2.0m。

锚索有效长度确定方法如下:

(1) 锚索锚入稳定岩层时, 在锚杆失效的情况下, 其潜在的冒落高度为 1.5 倍的巷道宽度, 锚索的有效长度为

$$l_{a_2} = \max\left\{1.5a, \sum_{i=1}^{n} h_i\right\} \tag{6-7}$$

式中, a 为巷道宽度, m; h_i 为稳定岩层下各层厚度, m; i 为稳定岩层下岩层层数。

(2) 当 $l_{a_2}/a > 3$, 锚索不能锚入稳定岩层时,

$$l_{a_2} = 3a \tag{6-8}$$

此时, 不需要加长锚索寻找坚硬顶板岩层, 只要充分注意锚固段的结构设计和施工质量, 重点考虑深部围岩强度和巷道浅部支护体之间的相互耦合作用即可。

2) 锚索排距确定

锚索间排距根据锚杆失效时, 锚索所承担的岩层重量确定。每排布置 n 根锚索, 则其排距为

$$S_a = \frac{3[\sigma_a]}{4a^2 \gamma k n} \tag{6-9}$$

式中, a 为巷道宽度, m; γ 为上覆岩层平均容重, kN/m³; $[\sigma_a]$ 为单根锚索的极限破断力(kN), 通常所使用的锚索$[\sigma_a]$=260kN; k 为安全系数; n 为每排布置锚索数量, 根; S_a 为锚索排距, m。

3) 耦合参数确定

为使锚索支护和锚杆支护达到相互耦合作用的效果, 注意各时空条件下预应力参数的变化至关重要。一般来说, 在迎头工作面施作锚索支护, 预应力值应适当小一些, 约是锚杆设计值的 0.8~1.0 倍; 在掘进机后实施锚索支护时, 预应力水平应是锚杆设计荷载值的 1.0~1.3 倍比较适宜。

3. 预留变形量确定

预留变形量的多少直接决定了围岩释放变形能的程度，以及是否产生差异性变形，因此，应该谨慎确定，通常预留变形量通过式(5-14)、式(5-15)和式(6-10)综合确定：

$$C_p = K_p a \qquad (6\text{-}10)$$

式中，C_p 为预留变形量，mm；K_p 为预留变形系数，一般取 0.05～0.1；a 为巷道设计毛断面宽度，mm。

4. 巷道掘进毛断面尺寸

根据预留间隙尺寸，可以确定巷道掘进毛断面尺寸为

$$a_e = a + 2C_p \qquad (6\text{-}11)$$

$$b_e = b + C_p \qquad (6\text{-}12)$$

式中，a_e 为巷道掘进毛断面宽度，mm；b_e 为巷道掘进毛断面高度，mm；C_p 为预留柔层厚度，mm；a 为巷道设计毛断面宽度，mm；b 为巷道设计毛断面高度，mm。

5. 巷道底拱高尺寸

拱高与巷道的宽度有关，宽度越大，底拱的高度越高，这样才能提高拱的强度和刚度，根据工程实践，柔层桁架底拱高的尺寸为

$$H = qa' \qquad (6\text{-}13)$$

式中，a' 为巷道设计净断面宽度，mm；q 为柔层桁架底拱高系数（一般取 1/7～1/8）。

6.5.5　监测设计

1. 监测设计的目的

监测设计是为了判断支护参数的合理性，并根据监测结果优化设计参数，确保工程的稳定。完整的现场监测资料为深部软岩工程支护的成功实施提供了基础数据，是支护工程得以巩固和发展的重要保证。其主要目的在于掌握深部软岩工程围岩动态及其规律性；检验支护结构、设计参数及施工工艺的合理性，并作为修改、优化支护参数的科学依据；监控支护的施工质量，对支护状况进行跟踪反馈和预测，及时发现工程隐患，以保证施工安全和工程稳定；为其他类似工程的设计与施工提供全面的参考依据；通过现场翔实而准确的监测资料，可判断深部

软岩工程的质量检查和验收的标准。

2. 监测设计的主要内容

支护监测内容较多，制定监测计划时应根据软岩巷道工程的地质条件、巷道的种类、服务年限、支护方式、围岩类别及工程具体情况选取观测项目。根据深部软岩工程的特点，选取的监测内容主要包括如下内容。

(1)巷道表面收敛：反映巷道表面位移的大小及巷道断面缩小程度，可以判断围岩的运动是否超过其安全最大允许值，是否影响巷道的正常使用。

(2)围岩深部位移：反映距巷道表面不同深度的围岩移近量，可以判定围岩的塑性区范围以及围岩的稳定状况，分析锚杆和围岩之间是否发生错动，可以判断锚杆的应变是否超过极限应变。

(3)锚杆的受力：其大小可以判断锚杆的工作状态及其参数是否合理，如锚杆选择、锚杆布置密度是否合适等。

(4)顶板锚固区内、外的离层值：用于判断顶板锚固区内、外围岩的稳定性以及锚杆支护参数的合理性。

每种监测方式的注意事项、测点布置要求、测量方法及测量仪器需要根据现场的实际情况确定，并且根据特定的情况作具体的调整。

通过现场监测的实施，将对现场已施工工程的稳定性、支护参数及过程的合理性等方面做出合理的判断，以确定现场施工工程是否达到耦合支护。

第7章 工 程 实 例

通过对深部软岩工程的特点和破坏原因的研究，提出了稳定性控制原则和对策，并对锚网索-桁架耦合支护技术的原理和设计方法进行了研究，本章将通过工程实例确定柳海矿深部软岩工程的变形力学机制、支护对策，并设计合理的转化技术和施工过程。通过现场监测等手段验证支护设计方案的合理性，为工程推广应用提供相关的数据和技术支持。

7.1 柳海矿单轨巷返修工程耦合支护

本节以柳海矿深部软岩工程中最具代表性的工程——单轨巷返修工程为工程实例，具体研究单轨巷的变形力学机制和复合型向单一型转化的对策，进行支护参数和施工过程设计，并通过现场监测结果判断支护方案的合理性。

7.1.1 单轨巷工程概况

单轨巷位于井底车场中部(详见柳海矿前期支护布置图)，共含有Ⅰ、Ⅲ、Ⅳ和Ⅴ四个交叉点，长度为160m，位于−480m水平(埋深500m)，单轨巷布置于煤$_1$底板含油泥岩中。其中煤$_1$厚1.32m，顶板为厚6.50m的含油泥岩；底板含油泥岩厚7.50m，向下为3.50m厚泥岩，煤$_2$厚2.40m，煤$_2$底板为8.30m砂砾岩，向下为1.70m的泥岩，岩层近水平(岩性情况见图2-3)，岩层水平层理发育，承压性差，受挤压易破碎。并穿过两条较大断层，落差2.00～6.00m，均为正断层。

单轨巷前段使用的是导硐锚网喷形式支护，结果巷道变形很大，成巷第一个月平均变形速率：两帮收缩53mm/d，顶板下沉21mm/d，底鼓57mm/d。到返修时，巷道断面已有原设计断面缩至宽2.1m，高1.9m的小断面。

单轨巷共经过三次返修。第三次返修采用的支护方式为锚网喷和U29型钢可缩性全封闭的联合支护，U型钢架3架/m，并喷灌150mm混凝土(图7-1)。

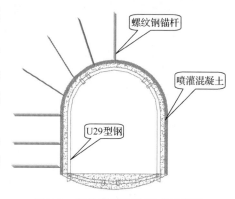

图7-1 单轨巷原支护形式示意图

7.1.2　支护对策

1. 单轨巷变形力学机制确定

根据室内物化成分试验分析结果，确定其巷道围岩含有大量的膨胀性矿物，且所含膨胀性矿物主要为蒙脱石，并含有少量的伊蒙混层、高岭石等矿物。含有蒙脱石和伊蒙混层矿物的泥质岩类的膨胀性颇为显著，这种膨胀性与蒙脱石的分子结构特征关系十分密切，因此也可将这种膨胀机制称为蒙脱石型膨胀机制(分子吸水膨胀机制)，即 I_A。

通过微观结构分析，巷道围岩微空隙较为发育，由于大量孔隙和裂隙的存在及水的表面张力，产生了毛细压力，水通过软岩中的微小空隙通道吸入。据试验数据，卵石的毛细高度为零至几厘米，砂土则在数十厘米之间，而对黏土(相当于泥质软岩)则可达数百厘米，为巷道围岩的进一步化学膨胀和胶体膨胀准备了条件。因此，巷道围岩也存在着微裂隙膨胀机制，即 I_C。

根据巷道的破坏表现出明显的与深度有关而与方向无关的特点，在开挖浅部巷道时，按常规支护形式，巷道变形破坏不甚明显。随深度增加，巷道变形破坏变得严重起来，而破坏的方向性不甚明显。这些特征往往表现为重力机制起作用的扩容膨胀，即 II_B。

临近运输大巷等工程的施工，造成较强的工程偏应力，引起巷道围岩的变形破坏，单轨巷也存在着由工程偏应力引起的变形力学机制，即 II_D。

根据地质条件，整个矿区都不同程度受构造应力影响，在其作用下，使单轨巷产生不同程度破坏，因此，也存在着构造应力机制，即 II_A。

根据现场工程地质调查，单轨巷位于两个正断层附近，断层与该巷走向成 $60° \sim 90°$ 夹角，存在断层型力学机制，即 III_{AC}。

巷道围岩裂隙节理比较发育，围岩较为破碎，存在随机节理型变形力学机制，即 III_E。

综上所述，单轨巷的变形力学机制为 $I_{AC} II_{ABD} III_{AC} III_E$ 复合型变形力学机制。

2. 单轨巷变形力学机制转化技术

由于各软岩内在变形力学机制不同，其转化的对策有所不同，对应的转化技术也不同。成功支护的技术关键是如何通过各种转化支护技术有效地把复合型变形力学机制转化为单一重力型力学机制。

由上面的分析可知，单轨巷复合型变形力学机制为 $I_{AC} II_{ABD} III_{AC} III_E$，根据相关理论，采取的转化技术分别如下：

I_{AC} 型，巷道扩刷、返修，以及预留变形层，释放膨胀变性能，通过底角锚杆控制底鼓。

II_{AD}型，通过锚杆和锚索的三维优化技术转化构造应力型和断层型力学机制。

$III_{AC}III_E$型，通过锚网索的耦合技术和锚杆(索)的三维优化技术转化断层型和随机节理型力学机制。

II_B型，通过立体桁架技术和锚索关键部位耦合技术对重力型机制进行控制，最终使巷道稳定。

根据上述分析，整个转化过程可概括为三步。第一步转化：通过巷道返修、扩刷以及预留变形空间，释放变形能，利用底角锚杆和全封闭桁架支护技术控制底鼓；第二步转化：通过锚杆和锚索的三维优化技术转化构造应力型和断层型力学机制，并利用锚网索耦合支护技术使围岩达到变形和应力均匀化；第三步转化：通过锚网索-桁架耦合支护技术使围岩与支护体耦合作用，变性协调，使巷道及围岩稳定。

具体转化技术详见图 7-2。

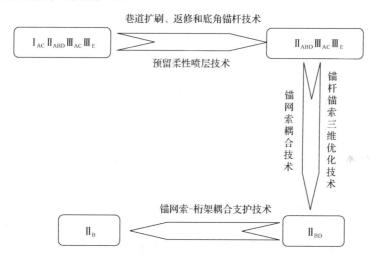

图 7-2 单轨巷复合型变形力学机制转化流程图

7.1.3 施工过程设计

根据对单轨巷变形力学机制的分析，以及复合型向单一型转化技术的确定，施工过程可以概括为：按所设计的直墙半圆拱毛断面扩刷巷道，并保证有良好的成型→架设前探梁作为超前临时支护→锚网支护→初喷混凝土→按设计的间排距加打锚索和底角锚杆→挖底、架设桁架→矿压观测→复喷至与钢架接触→永久支护。

施工过程中，部分步骤可根据现场施工条件采用平行作业方式，以加快施工进度。具体施工过程如下：

第一步：按设计毛断面扩刷成形。按设计直墙半圆拱毛断面尺寸掘进成形，巷道周边成形基本平整、圆顺，符合设计轮廓要求。严格限制超挖量，超挖部分挂网前混凝土喷平。一般不允许欠挖。

第二步：临时支护。采用吊挂前探梁作为临时支护，前探梁用两根 0.1m 钢管制作，长度为 4m，间距不大于 1.2m，用金属锚杆和吊环固定，吊环形式为倒半圆拱形，宽面朝上，防止前探梁滚动，每根前探梁中间部位设 1 个吊环。吊环用配套的锚杆螺母固定，前探梁最大控顶距离为 1.6m，前探梁上方用 2 块小板梁（长×宽×厚=1500mm×200mm×150mm）和小木板接顶。

第三步：锚网喷支护。按设计间排距打锚杆、挂网，网与网之间逐扣连接；初喷混凝土厚度为 60mm。

第四步：打锚索。按设计间排距打锚索，如锚索紧跟迎头时，预紧力为 10t；滞后迎头时，预紧力为 12t。

第五步：安装底角锚杆。两帮底角部按设计尺寸打 45°底角锚杆。

第六步：挖底。按设计要求挖底，铺钢筋网。

第七步：架设双桁架。架设双桁架，保证桁架下方预留 100mm（浇筑混凝土作为桁架的保护层）。进行底拱支架与墙部支架连接，并进行架间连杆连接。架设第一架支架时，在支架与巷道壁间以一定间隔采用木块垫实，以保支架稳定。

第八步：浇筑底板混凝土。浇筑底板混凝土至设计厚度，混凝土型号为 C20，并加入适量的混凝土加强剂。

第九步：矿压观测。按监测设计的方案及时设点进行矿压观测，记录相关数据，并进行分析，发现异常现象，及时向有关部门汇报。

第十步：复喷混凝土。架设桁架完毕，待围岩与桁架部分接触时，复喷混凝土填实桁架后的空间。

第十一步：永久支护。根据矿压观测数据分析，当围岩表面位移速率小于 1mm/d 时，实施永久支护，喷射混凝土至覆盖支架。

7.1.4 支护参数设计

根据上述分析，以及在第 2～6 章研究成果的基础上，得出单轨巷的支护方式为锚网索-桁架耦合支护。

1. 立体双桁架设计

单轨巷断面为直墙半圆拱，断面尺寸为净宽 2700mm，净高 3210mm（以地坪为基准），其中，直墙高为 1860mm，半圆拱半径为 1350mm。立体双桁架的内外层均采用 11#矿用工字钢，内外单层桁架间通过 11#矿用短工字钢进行焊接连接成整体，内外桁架间间距为 200mm。底拱两端通过平衡消力接口与上部桁架通过螺栓连接。桁架加工图如图 7-3 所示。

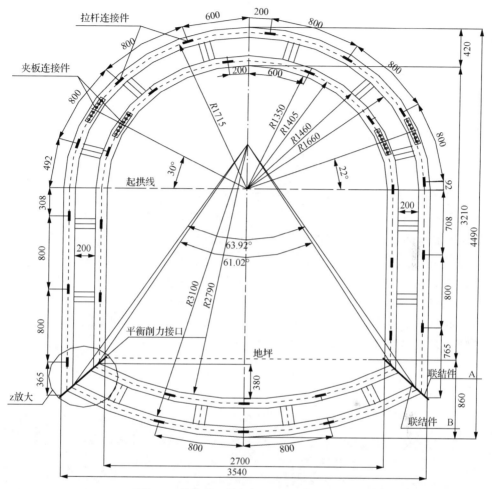

图 7-3 单轨巷双桁架加工图(单位:mm)

在内外桁架的侧面按照 800mm 的间隔焊接拉杆连接件,桁架正反两面的焊接位置相同。在拱部和直墙部,相邻桁架间通过拉杆连接件将 9#角钢拉杆进行三角连接,底拱部采用直杆连接,使桁架在纵向上成为一个整体。

2. 预留变形量确定

为保证在充分释放高应力变形能的同时又不损坏围岩自身的支撑能力,根据式(5-14)、式(5-15)和式(6-10),计算预留间隙尺寸为 153mm。

由于巷道已经经过多次返修,变形能已经部分释放,因此,预留变形量取 150mm,可以确定巷道掘进毛断面尺寸,宽度为 3820mm,高度为 4690mm。

3. 耦合支护参数设计

根据前面的理论研究结果和相关计算公式，单轨巷耦合支护参数如下。

(1)顶帮锚杆：采用 ϕ20mm 螺纹钢，长度为 2200mm。锚杆间排距为 800mm×800mm，三花布置，锚固形式为端头加长锚固，每根锚杆采用两根 K2540 树脂药卷。锚杆均使用配套标准螺母紧固，预紧力不小于 8t。

(2)锚索：锚索为 ϕ18mm 钢绞线，设计长度为 8m，采用"2-1-2"布置，间排距为 1600mm×1600mm。每根锚索采用内部 1 根 CK2540，外部 3 根 K2540 树脂药卷端头锚固。锚索紧跟迎头安装时预紧力为 10t，滞后迎头安装时预紧力为 12t。

(3)顶帮锚杆托盘：锚杆托盘采用木托盘和铁托盘组成的复合托盘，其中木托盘规格为 200mm×200mm×50mm，外部铁托盘规格为 120mm×120mm×10mm；锚索托盘规格为 200mm×200mm×10mm 的铁托盘。

(4)金属网：网为直径为 6.5mm 焊接钢筋网，网片尺寸为 700mm×1000mm，网格尺寸为 100mm×100mm，网片间搭接长度为 100mm，进行逐扣连接。

(5)底角锚杆：采用 ϕ20mm 螺纹钢，长度为 2200mm。每排 1 根，排距为 800mm，锚固形式为端头加长锚固，每根锚杆采用两根 K2540 树脂药卷。托盘采用特制的 45°异型托盘，加工图详见图 7-4。

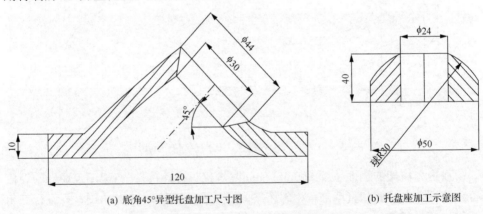

(a) 底角45°异型托盘加工尺寸图　　　　(b) 托盘座加工示意图

图 7-4　底角锚杆托盘加工示意图(单位：mm)

(6)混凝土：喷射混凝土强度等级 C20，初喷厚度为 60mm，围岩接触桁架时复喷混凝土填实桁架后间隙。根据监测结果，至围岩变形稳定，复喷至覆盖双桁架。

(7)底拱：架设桁架后，采用浇注混凝土，厚度为覆盖桁架 200mm，浇筑混凝土强度等级 C20。

(8)桁架：材料为 11#矿用工字钢，支架间距为 1000mm。每架支架共分 4 段，顶拱部支架之间通过夹板连接件用 M20×70mm 螺栓连接，连接件材料为厚度 20mm 的 A3 角钢，墙部支架与底拱部支架之间利用平衡消力接口连接板及 M20×70mm 螺栓连接。平衡消力接口连接板材料为 A3 钢，厚度为 10mm，按设计图纸所示位置焊接，全部连续焊缝，焊缝高度为 10mm。

(9)拉杆：支架之间通过等边 9#角钢拉杆及焊接 A3 钢连接件连接，拉杆连接件焊接位置间距为 800mm。其中，顶拱及两帮支架为三角状连接，底部支架为直杆连接，采用 M18×70mm 螺栓连接。支护参数详见支护布置如图 7-5 所示。

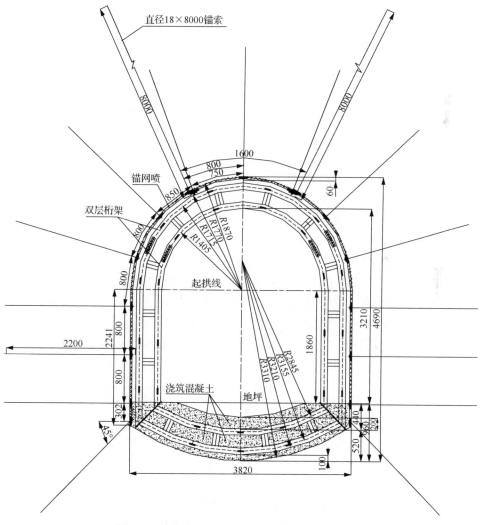

图 7-5　单轨巷断面支护布置示意图(单位：mm)

7.1.5　监测设计及结果分析

1. 监测设计方案

1) 监测的目的和内容

完整的现场监测资料可以为巷道支护的成功实施提供基础数据，是巷道支护工程得以巩固和发展的重要保证。其主要目的在于掌握巷道围岩动态及其规律性，为巷道支护进行日常动态化管理提供科学依据；为检验支护结构、设计参数及施工工艺的合理性，修改、优化支护参数和合理确定二次支护时间提供科学依据；监控巷道支护的施工质量，对支护状况进行跟踪反馈和预测，及时发现工程隐患，以保证施工安全和软岩巷道稳定；为其他类似工程的设计与施工提供全面的参考依据；通过监测资料，可作为判断巷道工程质量检查和验收的标准。

根据现场实际情况，并且及时掌握巷道采用上述设计支护方案的条件下，巷道表面位移变化规律和桁架受力情况及应力状态，对单轨巷返修巷道进行支护监测，监测的内容包括巷道表面位移监测和桁架工作阻力监测。

(1) 巷道表面位移监测：根据矿压观测数据，掌握围岩在新型支护条件下的运动规律，确定桁架复喷混凝土的时间，即进行永久支护时间。

(2) 桁架工作阻力监测：通过安装在桁架与围岩间的压力盒，根据压力盒的读数变化情况，分析桁架的工作阻力变化规律。

2) 测站布置

在单轨巷施工过程中，每 5m 布置 1 个表面位移观测站，每 15m 布置 1 个桁架工作阻力观测站，本章选取长度为 20m 试验段巷道作为监测巷道，并进行分析。在单轨巷返修试验段巷道共设 4 个表面位移观测站、2 个桁架工作阻力观测站，其中，1#、2#、3# 和 4# 为表面位移观测站，2′# 和 4′# 为桁架工作阻力观测站(在 2′# 和 4′# 测站对应的桁架后各布置 5 个压力盒)，测站布置情况如图 7-6 所示。

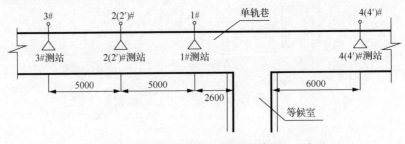

图 7-6　试验段巷道测站布置图(单位：mm)

巷道表面位移监测采用十字布点法，如图 7-7 所示，在围岩的顶部、两帮和底部分别设置测点。在现场监测时，量取 AO、CO、BO 和 DO 的距离，记入表面位移相应的表格中。

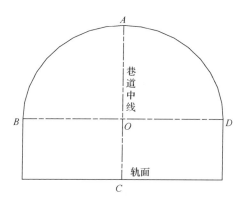

图 7-7 十字布点法示意图

两帮部及顶部表面位移测点采用打短锚杆的方式布设，顶部及帮部锚杆打入巷道围岩不小于 1000mm，采用 1 卷 K2350 树脂锚固剂端头锚固。顶板和两帮测点锚杆外露长度不小于 220mm，底部测点采用 $\phi 16 \times 1900mm$ 布设，采用 1 卷 K2350 树脂锚固剂端头锚固。锚杆打入底板后外露长度不小于 550mm，以保证铺轨后测点的定位。测点布设后应作好记号，记录与巷道特征点的距离并编号，并在施工中注意保护，以确保测量数据的准确性和可靠性。

桁架工作阻力监测测点布置位置如图 7-8 所示，桁架工作阻力监测测点布置在桁架内侧和围岩之间，每个测站安设 5 个压力盒，分别安设在顶板、左肩、右肩、左帮和右帮。

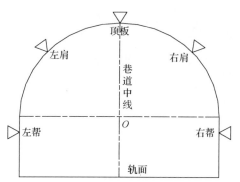

图 7-8 压力盒布置示意图

3) 测量仪器及方法

表面位移采用钢卷尺和塔尺测量。测量时，用钢卷尺和塔尺分别测量各测点到基准点的距离，两测点相邻两次测试数据的差值即为两点相对移近量，以此累加相邻两次测试数据的差值即可得到两点相对总移近量，测量精度为 0.1mm。

桁架工作阻力通过压力盒直接读数,每次读取压力值即为桁架所受围岩的压力。

2. 监测结果分析

1)表面位移监测结果及分析

根据表面位移监测结果,本章将分析表面累计位移-时间关系、变形速率-时间关系和表面累计位移-距迎头距离关系,具体结果如下。

(1)试验段巷道表面累计位移-时间关系。

本节以 1#测站和 3#测站为例具体分析表面累计位移-时间关系,如图 7-9 和图 7-10 所示。

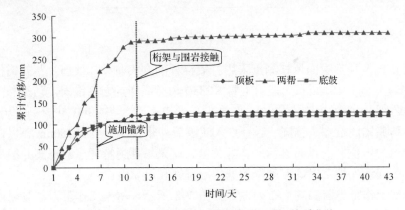

图 7-9　单轨巷 1#测站表面累计位移-时间关系曲线

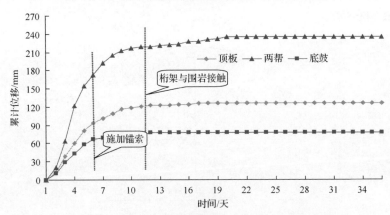

图 7-10　单轨巷 3#测站表面累计位移-时间关系曲线

从上述曲线可以看出:①巷道扩刷并紧跟迎头实施锚网喷支护后的 5~8 天为围岩变形活跃期,围岩变形量占总变形量的 85%以上;②锚网喷支护后 8~13 天,为围岩变形趋缓阶段,在该阶段围岩的变形量较前阶段有很大的减少,由于实施锚索和底角锚杆支护,围岩变形得到控制,但仍有一定的变形,并且变形趋于均匀；③锚网喷支护后 13～20 天，围岩变形趋于稳定，在 20～22 天后(架设桁架 7 天左右)，围岩基本无变形，桁架与围岩接触后，桁架承载能力开始发挥作用，使巷道及围岩逐渐稳定。

从曲线图还可以看出：巷道两帮移近量最大为 310mm；顶板下沉量最大为 127mm；底鼓量最大为 118mm。顶板下沉量偏大的原因主要是巷道扩刷过程中围岩应力重分布和上覆岩层重力的作用。1#测站的变形量略大于 3#测站变形量的主要原因是前者距离交叉点(单轨巷与等候室的交叉点)较近，并且等候室巷道围岩一直在变形过程中，对 1#测站的影响较大。

(2)试验段巷道围岩变形速率-时间关系。

以 3#测站为例具体分析巷道变形速率-时间关系，如图 7-11 所示。

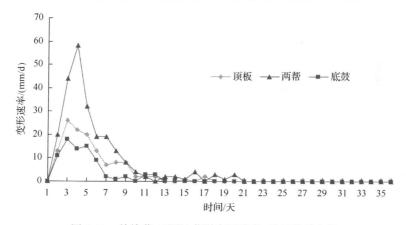

图 7-11　单轨巷 3#测站巷道变形速率-时间关系曲线

从图 7-11 可以看出，两帮最大移近速率为 58mm/d；顶板下沉最大速率为 26mm/d；底鼓最大速率为 18mm/d。在巷道扩刷 8～13 天后，围岩变形速率趋于稳定，20 天后围岩稳定，变形速率为零。初期变形速率大的主要原因是开挖扰动。这些结果与上述表面累计位移分析结果基本符合。

(3)表面累计位移-距迎头距离关系。

以 1#测站为例分析表面累计位移-距迎头距离关系，如图 7-12 所示。

从图 7-12 可以看出，距迎头 6～10m，围岩变形开始趋缓，说明锚索和底角锚杆开始发挥作用，锚索调动深部围岩，底角锚杆控制底鼓，部分变形得到控制；当距迎头 18～22m 后，围岩变形趋于稳定，此时正是巷道围岩与桁架接触时，桁架通过与围岩的共同作用，当距迎头 28～30m 后，围岩基本稳定。

综上所述，现场施工进度为 1～1.5m/d，表面累计位移-距迎头距离关系与巷道表面位移-时间关系监测分析结果和前述数值模拟结果及现场实际施工情况基本符合。

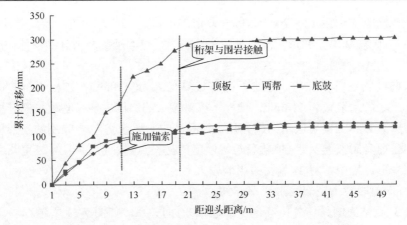

图 7-12　单轨巷 1#测站表面累计位移-距迎头距离关系曲线

2) 桁架工作阻力监测结果及分析

　　为了较好地反映桁架的工作状态和支护阻力情况，在双桁架的顶板、左肩、右肩、左帮和右帮分别安装压力盒。以 2′#测站为例分析桁架的工作阻力，监测曲线如图 7-13 所示。

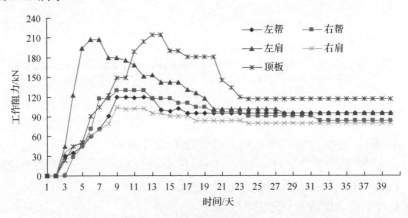

图 7-13　单轨巷 2′#测站桁架工作阻力-时间关系曲线

　　如图 7-13 所示，桁架初期不受力，中期受力不均匀，通过消力接口将桁架不同位置的不均衡力均匀化，通过桁架间拉杆将力在桁架间传递，后期桁架相对均匀受力。顶板最大的工作阻力为 214kN（相当于 33MPa），最终桁架的工作阻力在 116kN 时稳定；左肩的最大工作阻力达到 207kN，在 95kN 时稳定。其他部位的工作阻力都较小，但都能及时地进行力的转移，使整个桁架共同受力。

　　桁架各个位置上的工作阻力变化规律是一致的，应力从小到大，直到最后相对均匀。这充分说明立体双桁架的功能，通过力学杆件，把立体桁架的抗弯、抗扭的部位通过结构设计转化为抗拉、抗压或抗剪的性能。通过消力接口及拉杆将围岩压力在桁架的不同部分和相邻桁架传递,桁架受力状态从不均匀到均匀,最终桁架整体均匀受力,桁架围岩达到耦合作用。

　3. 支护效果

　　通过对柳海矿深部软岩工程破坏原因分析,提出其支护对策为锚网索-桁架耦合支护技术,并以单轨巷返修工程为例具体分析了变形力学机制及转化技术,确定了支护方案,通过数值模拟验证了支护方案的可行性,现场监测结果也说明了支护方案的合理性和可靠性。从现场施工后的实际支护效果也验证了支护方案的合理性和可靠性。

　　图 7-14～图 7-19 分别表示锚网索-桁架耦合支护不同位置和不同时间的现场情况。图 7-14 为双桁架支护前铺底网和底角锚杆布设情况;图 7-15 为帮部锚网支护后现场情况;图 7-16 为双桁架支护后顶部拉杆连接情况;图 7-17 为双桁架支护底角部消力接口及底拱部拉杆连接情况;图 7-18 为架设双桁架并喷射混凝土作为柔性缓冲层的情况;图 7-19 为喷射混凝土覆盖双桁架作为永久支护的情况。

图 7-14　双桁架支护前铺底网和底角
锚杆布设情况图

图 7-15　帮部锚网支护后现场情况图

图 7-16　双桁架支护后顶部拉杆
连接情况图

图 7-17　双桁架支护底角部消力接口及底拱
部拉杆连接情况图

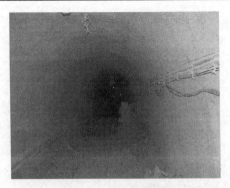

图 7-18 双桁架支护喷射混凝土情况图   图 7-19 永久支护情况图

从支护效果分析,柳海矿深部软岩工程采用锚网索-桁架耦合技术是成功的,锚网、锚索、桁架和围岩在刚度、强度和结构上的耦合作用,使巷道围岩稳定,一次支护成功。

柳海矿深部软岩巷道采用锚网索-桁架耦合支护技术施工 1000 余米,目前巷道稳定,无返修。

7.2　柳海矿泵房吸水井立体交叉硐室群集约化新设计

通过对泵房吸水井立体交叉硐室群围岩的微观结构,以及柳海矿井底车场已施工交叉点巷道的变形破坏分析得知,造成柳海矿井底车场已施工交叉点巷道变形破坏的原因主要有初始地应力、围岩强度、工程采动及支护工艺等。

本节以泵房吸水井集约化设计为基础,结合柳海矿泵房吸水井交叉硐室的实际工程地质特点,在集约化井型优化的基础上,采用力学分析与数值模拟相结合的手段,对不同施工顺序下的泵房吸水井立体交叉硐室群的设计进行了比较,实现了泵房吸水井立体交叉硐室群的施工顺序优化;同时对泵房吸水井立体交叉硐室群,尤其是吸水井以上部分的应力分布特征进行了分析。

根据现场调研,将该施工技术应用于现场,矿压观测及现场的使用效果显示,使用效果良好。

7.2.1　泵房吸水井立体交叉硐室群工程概况

柳海矿为新建矿井,矿井一水平标高-480m,柳海矿采用立井单翼开拓方式,年设计生产能力为 90 万 t,设计由两个综合机械化采煤工作面担负矿井的原煤生产任务。根据经济发展形势和北部海域初步勘查情况,规划在矿井投产初期将年生产能力扩建到 180 万 t。井巷围岩多为泥质胶结,具有较强的膨胀性,节理比较发育,加上围岩赋存深度较大,属于高应力节理化强膨胀性软岩。其井底车场各巷道开挖不久即出现了明显的变形和破坏，同时，井底车场的运输大巷、空车线、重车线、单轨巷、变电所、等候室等工程相距很近，空间上形成了一个立体交叉的硐室群，施工时又相互影响，更加剧了各单位工程的变形和破坏。

柳海矿软岩属于古近纪工程软岩，采深 500m，是目前为止古近纪煤矿里采深最大的矿井，上覆岩层自重应力约为 12MPa；并且巷道围岩中的黏土矿物含量达到 56.6%～60.9%，黏土矿物主要为蒙脱石、伊蒙混层、伊利石、高岭石、绿泥石。其中，膨胀性及吸水性较强的蒙脱石矿物的相对含量为 80%～96%，最高可达96%，平均为 86%；其混层比多在 60%～70%，最大可达 70%，平均为 65%。因此，巷道围岩易于吸水风化，水稳定性较差，有很强的膨胀性，产生较强的膨胀力。现场测得顶部压力高达 33MPa。然而围岩的强度却很低，室内岩石力学实验表明，岩块强度平均为 8MPa，岩体强度为 1～2MPa。

泵房吸水井是煤矿中用于井下排水，以及存放排水设施的地下建筑。柳海矿泵房吸水井立体交叉硐室群位于井底车场的东北侧，主要由泵房、吸水井、泵房通道、泵房管子道和吸水井壁龛等组成，这些硐室群在空间上相互交错形成了复杂的立体交叉硐室群结构，施工时相互影响，并且该处地质构造复杂，断层及节理比较发育，对巷道支护不利。详见图 7-20 柳海矿井底车场工程平面图和图 7-21柳海矿泵房吸水井立体交叉硐室群工程平面图。

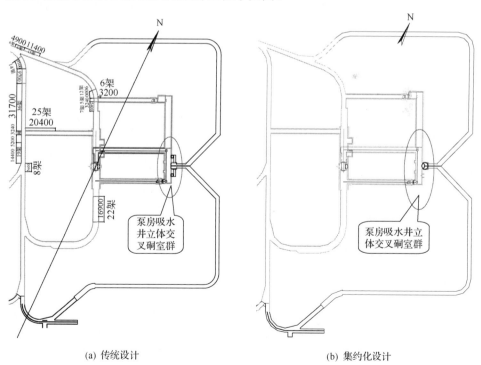

(a) 传统设计　　　　　　　　　　　　　(b) 集约化设计

图 7-20　柳海矿井底车场工程平面图(单位：mm)

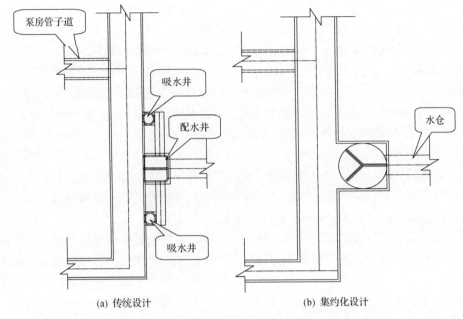

(a) 传统设计　　　　　　　　　　　(b) 集约化设计

图 7-21　柳海矿泵房吸水井立体交叉硐室群工程平面图

　　泵房吸水井立体交叉硐室群布置于厚 11m 的煤$_1$底板均匀致密的含油泥岩中，巷道上部为煤$_1$，底部为煤$_2$。

　　柳海矿已施工的交叉点巷道在井底车场建设过程中即发生了严重的变形破坏，返修多次，尝试了目前国内深部软岩矿井常用的锚网索+喷浆，锚索梁+双 U 型钢、混凝土浇筑、特殊可缩性 U 型钢和混凝土预制件——弧板结构等多种支护方式。然而泵房吸水井立体交叉硐室群相对于这些交叉巷道来说，结构要更加错综复杂，在这样的工程地质条件下，传统的泵房吸水井设计在这里显得有点力不从心。传统的泵房吸水井设计是一台泵设一个吸水小井，然后通过配水巷与水仓相连；泵及吸水小井的个数根据排水量的需求而定；排水量要求越大，吸水小井的个数及配水巷长度越大；不考虑施工顺序及支护顺序影响的传统设计。

7.2.2　柳海矿泵房吸水井井型优化

1. 柳海矿泵房吸水井传统设计

设备选择(初选)，按正常用水量确定设备所需的排水能力。

该区正常涌水量为 36.66m^3/h，全盘区注浆防尘出水量为 40m^3/h，所以该盘的区正常用水量为 76.66m^3/h，按正常用水量确定设备所需的排水能力：

$$Q_1 = \frac{24Q_n}{20} = 92\,(\text{m}^3/\text{h}) \tag{7-1}$$

$$H_1 = K(H_d + H_x) = 260\,(\text{m}) \tag{7-2}$$

式中，Q_1 为水泵的最小排水量，m^3/h；Q_n 为矿井正常用水量，m^3/h；H_1 为水泵的近似扬程，m；K 为扬程损失系数，对于斜井，$K=1.20\sim1.35$，倾角大时取小值，本计算取 1.35；H_d 为自泵房底板至地面的距离，m（取 188m）；H_x 为吸水管高度，m（取 5.5m）。

该区最大涌水量为 54.99m^3/h，全盘区注浆防尘出水量为 40m^3/h，所以该盘区的最大用水量为 94.99m^3/h，按最大用水量确定设备所需的排水能力：

$$Q_b = Q_{n_1} \times 24/20 = 114\,(\text{m}^3/\text{h}) \tag{7-3}$$

式中，Q_b 为最大用水量时所需水泵的排水量，m^3/h；Q_{n_1} 为矿井最大用水量，m^3/h。

通过上述计算，初选 150D-30×9 型水泵三台，一台工作，一台备用，一台检修。

参照原设计，柳海矿需直径为 1.8m 的吸水小井 2 个，4.1m×3.5m 配水井 1 个。

2. 柳海矿吸水井井型集约化设计

1）集约化设计原理

软岩泵房吸水井集约化设计的目的在于提供一种能够消除立体巷道硐室群空间效应影响的设计方法，在减少工程量的同时，使其整体稳定性大大提高（图 7-22）。其设计原理如下：

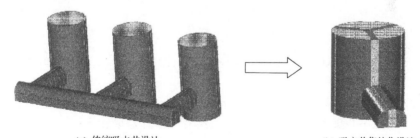

(a) 传统吸水井设计　　　　　　　　(b) 吸水井集约化设计

图 7-22　吸水井井型集约化设计示意图

（1）为消除立体巷道硐室群的空间效应，将几个吸水小井进行组合，使之成为一个圆形组合吸水井，利用井壁径向钢筋混凝土隔断分割成各吸水小井，使吸水井围岩及支护受力状况良好，大大提高组合吸水井的整体稳定性，避免对水泵房硐室产生不利影响。

(2)组合吸水井的尺寸规格通过吸水阻力校核、清扫空间计算、等效设计计算、吸水扰动半径校核和组合井稳定性计算进行确定,每个组合吸水井直径为6~8m。

(3)在改善硐室受力条件的同时,通过采用合理的支护方式,确保硐室安全稳定。

2)井型优化设计内容

软岩泵房吸水井井型优化设计是在常规设计的基础上,通过硐室围岩稳定性分析计算,对吸水小井进行集约化改进之后提出的优化设计,在排水量计算、设备选型、水泵房尺寸、水泵布置、基础尺寸等方面与传统设计基本相同,主要区别在于等效设计计算、吸水阻力校核、清扫空间计算、吸水扰动半径校核、配套水闸门选型、泵房吸水井布置、配套吸水管路铺设和配套支护设计等方面。本节主要介绍等效运算。

等效设计运算。软岩泵房吸水井集约化设计序列通过三种组合井形式来实现传统设计的排水水量要求,如图7-23所示。

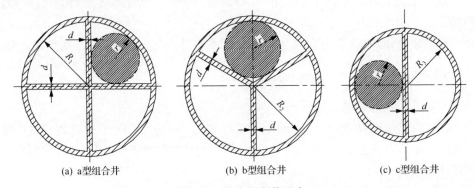

(a) a型组合井　　　　　　　(b) b型组合井　　　　　　　(c) c型组合井

图7-23　组合吸水井形式

R_1, R_2, R_3-组合吸水井半径;r-等效吸水半径;d-隔断宽度

(1)Ⅰ型设计。对应传统设计3个吸水小井采用b型组合井;对应传统设计4个吸水小井采用a型组合井。

(2)Ⅱ型设计。对应传统设计5个吸水小井采用b型+c型组合井;对应传统设计6个吸水小井采用a型+c型或b型+b型组合井;对应传统设计7个吸水小井采用a型+b型组合井;对应传统设计8个吸水小井采用a型+a型组合井。

(3)Ⅲ型设计。对应传统设计9个吸水小井采用a型+b型+c型或b型+b型+b型组合井;对应传统设计10个吸水小井采用a型+a型+c型组合井;对应传统设计11个吸水小井采用a型+a型+b型组合井;对应传统设计12个吸水小井采用a型+a型+a型组合井。对于多种组合形式,可根据水泵房空间大小和具体围岩情况确定。

$$
\begin{cases}
S_i = \pi R_i^2 \\[2mm]
R_1 = (1+\sqrt{2})r + \left(1+\dfrac{\sqrt{2}}{2}\right)d \\[2mm]
R_2 = \left(1+\dfrac{2\sqrt{3}}{3}\right)r + \left(1+\dfrac{\sqrt{3}}{3}\right)d \\[2mm]
R_3 = 2r + \dfrac{3}{2}d
\end{cases}
\tag{7-4}
$$

式中，S_i 为集约化设计组合井面积，m^2；R_i 为集约化设计组合井半径，m；R_1 为 a 型组合井；R_2 为 b 型组合井；R_3 为 c 型组合井；r 为传统设计等效吸水半径(图 7-23 阴影部分半径)，m；d 为集约化设计隔断宽度，m。

采用组合井设计，关键的问题是与传统设计的等效设计计算。在确定组合井类型后，等效设计计算可由式(7-4)确定：

柳海矿集约化设计采用 I 型设计，b 型组合井，即把整个组合吸水井利用井壁径向钢筋混凝土隔断分割成 3 个隔断，通过式(7-4)计算可得，组合吸水井半径取 3m。

吸水井的集约化设计技术是中国矿业大学(北京)何满潮教授的专利技术，该技术在全国许多软岩已经使用，并且取得了良好的支护效果，这里不再叙述。

通过对柳海矿泵房吸水井的工程地质条件以及柳海矿井底车场已施工交叉点巷道的变形特征分析，结合现场调研的情况，笔者发现施工顺序对交叉硐室群的稳定性有很大影响，尤其是柳海矿软岩属于古近纪工程软岩，围岩强度很低，因此不同施工顺序下工程采动的影响不容忽视。

7.2.3　泵房吸水井立体交叉硐室群施工顺序优化

目前，对于地下结构稳定性的分析主要有解析法、相似模拟试验法及数值模拟等方法，但对于地下硐室群结构来说，解析法在这里显得有点苍白。由于地下硐室群复杂而特殊的工程地质结构，尝试采用解析法得到地下硐室群稳定性的一个定量的解，不仅耗时耗力，而且还会因为计算中的一些假设使得到的解析解完全不符合实际，所以目前最为常用的对地下硐室群结构分析的方法是数值模拟法。本书采用美国依泰斯卡(Itasca)公司开发的岩土行业专用的数值模拟软件 FLAC，对泵房吸水井立体交叉硐室群的稳定性进行定性的分析，得出泵房吸水井立体交叉硐室群应力分布的特点以及在采动影响下的变化规律。

1. FLAC 软件的特点

FLAC^{3D} 是一种三维显函数有限差分程序,其基本原理、算法与离散元法相似,它运用节点位移连续条件，可对连续介质进行大变形分析，基于显式差分法求解运动方程和动力方程。从力学计算方法上讲，FLAC 软件有如下 5 个主要特点。

(1)可以直接计算非线性本构关系。

(2)物理上的不稳定问题不会引起数值计算的不稳定。

(3)开放式程序设计(FISH)，用户可以根据需要自己设计程序。

(4)可以模拟计算分析很大的工程问题。

(5)高度非线性问题不增加计算时间。

FLAC 不需形成刚度矩阵，在大变形模式时每一时步采用更新坐标，因而网格代表的材料是一起移动变形的，每个时步变形增量是个小数，而许多时步变形即为大变形，这使之能进行大变形分析。FLAC 适于岩土工程问题的原因在于它提供了适于岩(土)石特性的本构模型，如横观各向同性、莫尔-库仑、剑桥、零模型模拟开挖、应变软化、砌体节理模型以及黏性模型和渗流模型等。对不同介质之间的不连续面可采用交界面模拟等。

FLAC^{3D} 与有限元程序的区别如下：

(1)在模拟塑性破坏和塑性流动时，采用"混合式离散法"(Matri 和 Cundall)，该方法比一般有限元方法中普遍采用的"简化积分法"在物理上更合理。

(2)对静态或动态系统的模拟中均采用动态的运动方程，这样即使所模拟的系统具有非稳定性，也可以保证数值方法的稳定性。

(3)采用"显式"解法，无须存储任何矩阵。

(4)无须建立总体刚度矩阵，所以在大变形模式下在每一时步更新坐标就变得很容易。通过每一时步用位移增量更新坐标，就保证网格与其所描述的材料同步运动、变形。FLAC^{3D} 中每一时步内其基本计算是小变形模式，但其多步运算的结果就相当于大变形模式。

2. 泵房吸水井立体交叉硐室群模型建立

1)模型概化

本节以泵房、泵房通道、吸水井壁龛和吸水井的交叉点硐室群为研究对象，建立模型。

由图 7-24 和图 7-25 可知，变电所通道与吸水井、吸水井壁龛及泵房通道的距离超过 30m，所以认为它对吸水井壁龛及主排水泵房、泵房、泵房通道的影响很小，可以忽略不计。另外从图中也可以看出，泵房管子道与泵房通道在空间上立体对称。为了建模方便，本节主要以吸水井壁龛、主排水泵房、泵房通道、泵房、吸水井所组成的交叉点硐室群为研究对象，对泵房吸水井系统的稳定性加以分析。具体巷道尺寸见表 7-1。

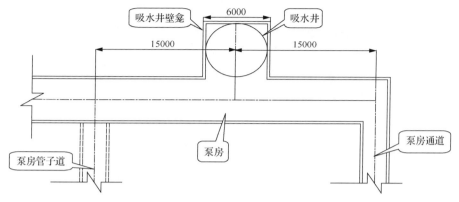

图 7-24 泵房吸水井立体交叉硐室群平面布置图(单位：mm)

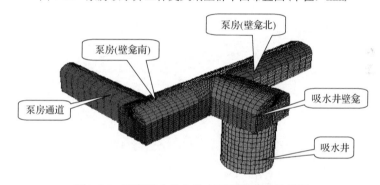

图 7-25 泵房吸水井立体交叉硐室群立体模型

表 7-1 泵房吸水井立体交叉硐室群巷道原始宽高列表

巷道	宽/mm	高(总高)/mm	半径/mm	直墙高/mm	备注
泵房通道	2560	2890	1280	1610	
泵房	4260	4345	2130	4140	泵房通道中心线与吸水井壁龛中
壁龛	6000	3760	3000	760	心线之间的距离为 15m,与泵变
变电所硐室	4260	3648	2130	1519	电所中心线之间的距离为 60m
吸水井	6000	7000	3000	—	

2)边界条件

从而设定模型范围为 37m×38m×35m,模型中共建立 101800 个单元,111441 个节点,其中包括 14582 个结构单元,9065 个节点,计算 5000 步。计算中限制模拟范围 x 方向边界在 x 方向的运动,限制模拟范围 y 方向边界在 y 方向的运动,底部固定,上部为应力施加面,在上部施加 12MPa 应力作为上部自重应力荷载,左右即前后两侧分别加 10MPa 侧面应力。工程地质模型如图 7-26 所示。

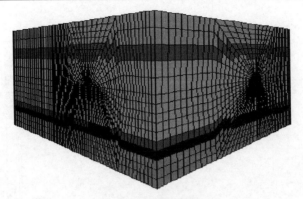

图 7-26　工程地质模型

3) 模拟参数

模拟参数见表 7-2。

表 7-2　模拟参数

岩性	抗拉强度/MPa	弹性模量/10³MPa	容重/(kN/m³)	泊松比	内摩擦角/(°)	黏聚力/MPa
含油泥岩	0.6	0.98	1920	0.15~0.2	35	0.7
煤₁	0.6	1.2	1200	0.23	25	1.1
含油泥岩	1.1	1.18	1510	0.15~0.2	36	0.9
煤₂	0.2	1.5	1280	0.25	24	1.2
泥岩砂砾互层岩	1.0	3.138	2370	0.25	34	0.8

3. 不同施工顺序下的方案比较

通过对泵房吸水井立体交叉硐室群的工程地质条件及柳海矿井底车场已施工交叉点硐室群的破坏情况分析，已经得出影响立体交叉点硐室群的稳定性的因素及施工顺序，在此通过数值模拟对无支护情况下不同施工顺序的变形情况进行分析，从而通过比较得出最佳的施工方案。实际施工时，吸水井由于工程难度大、工程量大，一般都放在最后等其他巷道稳定后方进行施工，无优化可言，因此此处主要对吸水井以上交叉硐室群的施工顺序进行优化。

方案 1：泵房通道→泵房通道与泵房交叉点→泵房(壁龛南)→泵房(壁龛北)→吸水井壁龛与泵房交叉点→泵房(壁龛南)→吸水井。

方案 2：泵房通道→泵房通道与泵房交叉点→泵房(壁龛南)→泵房与吸水井壁龛交叉点→壁龛→泵房(壁龛北)→吸水井。

方案 3：泵房(壁龛北)→泵房与吸水井壁龛的交叉点→壁龛→泵房(壁龛南)→泵房与泵房通道交叉点→泵房通道→吸水井。

1) 三种方案的 SXX、SYY 应力分布情况比较

三种方案的 SXX、SYY 应力分布情况如图 7-27~图 7-29 所示。

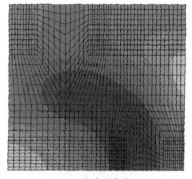 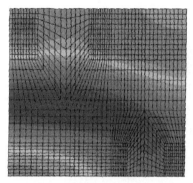

(a) SXX应力分布情况　　　　　　　　(b) SYY应力分布情况

图 7-27　方案 1SXX 及 SYY 应力分布云图

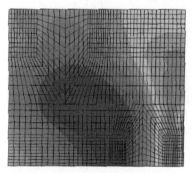 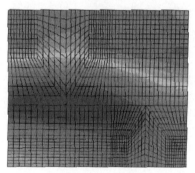

(a) SXX应力分布情况　　　　　　　　(b) SYY应力分布情况

图 7-28　方案 2 SXX 及 SYY 应力分布云图

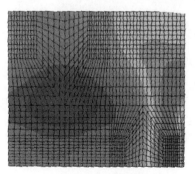 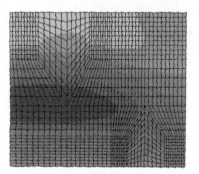

(a) SXX应力分布情况　　　　　　　　(b) SYY应力分布情况

图 7-29　方案 3 SXX 及 SYY 应力分布云图

从应力分布图可以看出，方案 2 和方案 3 的应力影响范围明显要小于方案 1，而方案 2 对于主泵房的影响明显小于其他两种方案。

2) 三种方案情况下，泵房、泵房通道、壁龛的顶底及两帮变形量

(1) 泵房通道位移等值线云图如图 7-30～图 7-32 所示。

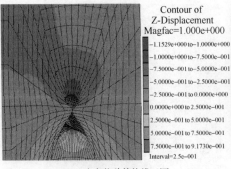

(a) Z 方向位移等值线云图　　　　　　　　(b) X 方向位移等值线云图

图 7-30　方案 1 泵房通道位移等值线图

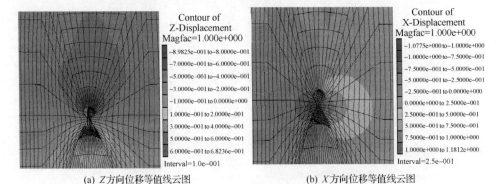

(a) Z 方向位移等值线云图　　　　　　　　(b) X 方向位移等值线云图

图 7-31　方案 2 泵房通道位移等值线图

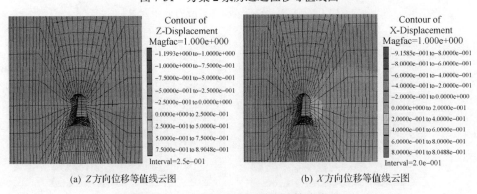

(a) Z 方向位移等值线云图　　　　　　　　(b) X 方向位移等值线云图

图 7-32　方案 3 泵房通道位移等值线图

以上给出的是三种施工顺序下，泵房通道位移等值线，由于模拟中假设泵房通道的布置平行于 Y 轴，所以在此没有给出泵房通道围岩在 Y 轴方向的位移变形情况，而且从实际的模拟结果也可以看出，在泵房通道的走向方向上变形很小，

在此不单独分析。

从以上三种方案的位移变形图可以看出，方案 1 施工顺序下，对泵房通道的影响最大，方案 2 次之，方案 3 对泵房通道的影响最小。

(2) 泵房位移等值线云图如图 7-33~图 7-35 所示。

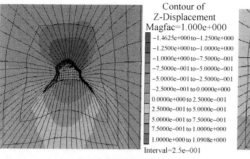
(a) Z方向位移等值线云图

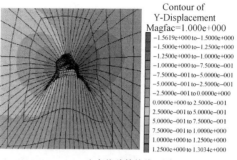
(b) Y方向位移等值线云图

图 7-33　方案 1 泵房位移等值线云图

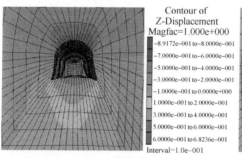
(a) Z方向位移等值线云图

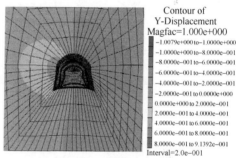
(b) Y方向位移等值线云图

图 7-34　方案 2 泵房位移等值线云图

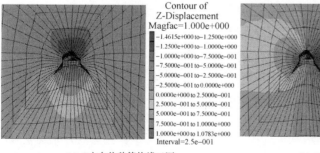
(a) Z方向位移等值线云图

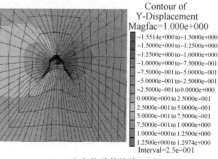
(b) Y方向位移等值线云图

图 7-35　方案 3 泵房位移等值线云图

以上给出的是三种施工顺序下泵房位移等值线云图，由于模拟中假设泵房的布置平行于 X 轴，所以在此没有给出泵房通道围岩在 X 轴方向的位移变形情况，而且从实际的模拟结果也可以看出，在泵房的走向方向上变形很小，在此不单独分析。

从以上三种方案的位移变形图可以看出，方案 1 施工顺序下，对泵房通道的影响最大，方案 3 次之，方案 2 对泵房的影响最小。

3) 方案比较

通过对三种方案的位移进行分析比较可以看出，方案 1(两边同时开挖)的变形破坏最为严重。方案 2(先开挖泵房通道与泵房的交叉点)泵房的变形破坏程度明显减小，然而泵房通道较方案 3 的变形破坏严重，但比方案 1 有所减轻；方案 3(先开挖泵房与壁龛的交叉点)，泵房的变形破坏程度较方案 2 严重，但泵房通道的变形破坏情况要比方案 2 轻。这三种方案的壁龛变形都不大，故不列在比较之列。详见方案比较见表 7-3。

表7-3　方案比较表

方案	泵房位移/mm			泵房通道位移/mm			SXX、SYY 应力分布情况
	顶沉	底鼓	帮缩	顶沉	底鼓	帮缩	
方案 1	1462.5	1090.8	2865.3	1152.9	917.3	2596.0	影响范围较大,泵房通道及泵房均受到严重影响,壁龛、吸水井影响较小
方案 2	700.0	682.4	1100.0	898.2	682.4	2258.7	应力主要分布在泵房通道以及壁龛与泵房通道之间,壁龛、吸水井影响较小
方案 3	1461.5	1078.3	2848.8	500.0	250.0	1200.0	应力主要集中在泵房巷道上,泵房通道影响较小,壁龛、吸水井影响较小

综合分析比较以上各种因素，方案 2 即首先施工泵房通道的施工顺序更为合理一些，因为方案 2 的应力影响范围小，而且在方案 2 的施工顺序下，泵房的变形最小，虽然对泵房通道的影响较大，但由于泵房通道的跨度小，如果采取合理的支护措施，便可得到理想的支护效果。

7.2.4　泵房吸水井立体交叉硐室群应力集中区域

1. 泵房吸水井立体交叉硐室群应力集中区域分析

下面仅根据方案 3，即开挖泵房通道、泵房通道与泵房交叉点、泵房(壁龛南)、泵房与壁龛的交叉点、壁龛、泵房(壁龛北)、吸水井，这样一种施工顺序，在这一样施工顺序下对巷道的分布情况进行分析，从而可以做到有针对地支护，最终提出合理的支护对策，达到成功支护的目的。

从以上的分析比较已经知道，在方案 3 的施工顺序下，应力的分布主要表现在泵房通道及泵房(壁龛南)，壁龛及泵房(壁龛北)则表现不明显。因此，在此就仅对这两个部位进行分析研究。

1) 方案 3 施工顺序下泵房通道围岩的变形破坏趋势分析

在泵房通道，距离泵房巷道中心线 4m 处，取剖面 1-1′，并从泵房通道向泵房通道与泵房交叉点方向看过去,可得如图 7-36 所示的速度-位移矢量曲线图。

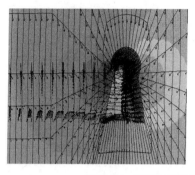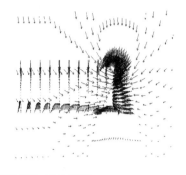

图 7-36　泵房通道围岩位移矢量曲线图

从图 7-36 泵房通道围岩的位移-速度曲线可以看出,泵房通道的两帮明显严重,并且左帮(靠近泵房与泵房通道交叉点一侧)明显变形严重,而且在巷道的顶拱部分有明显的应力集中。所以在考虑泵房通道的支护对策时应考虑加强两帮,尤其是左帮,以及左侧拱肩以上顶拱部分的支护强度。

2)方案 3 施工顺序下泵房的变形破坏趋势分析

在泵房(壁龛南)距泵房通道 4m 的位置取一剖面,向泵房通道与泵房的交叉点方向看过去,可得如图 7-37 所示的泵房围岩位移矢量曲线。

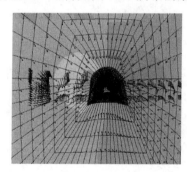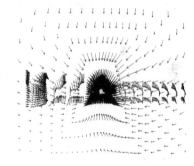

图 7-37　泵房围岩位移矢量曲线图

从图 7-37 可以看出,泵房巷道左侧围岩(靠近壁龛一侧)由于受壁龛的采动影响,将在巷道的左侧边墙上部及巷道的顶拱部分产生应力集中,巷道右侧(靠近泵房通道一侧),受泵房通道的变形影响,将会在巷道边墙下部,以及顶拱部分产生应力集中,施工中右侧边墙底角处可能会发生明显臌出。施工时要注意巷道底鼓,而且底鼓趋势偏向巷道左侧。

2. 分析结果应用

在一些应力集中位置,主要是指泵房通道距交叉点 4～5m 内,以及泵房、壁龛，对这些位置进行特殊锚杆索支护，图 7-38(a)为泵房通道应力集中区锚网索支护图，(b)为泵房通道围岩位移图，支护技术中对应力集中部位进行了特殊处理，对泵房吸水井立体交叉硐室群的工程偏应力进行了分解。

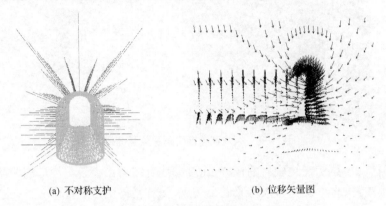

(a) 不对称支护　　　　　　　　　　　　　(b) 位移矢量图

图 7-38　锚网索关键部位耦合支护技术

7.2.5　工程效果分析

　　2004 年 10 月 11 日，设计组在经过多方考证以后，将本书中提出的锚网索-桁架耦合支护技术应用于泵房吸水井立体交叉硐室群现场，在施工的过程中对巷道围岩及时进行观测，现场观测结果证明，支护效果良好。

　　1. 泵房吸水井立体交叉硐室群围岩位移观测结果

　　巷道打开后，根据设计要求，紧跟迎头进行设点，现场施工时，根据测站与掘进迎头的距离，只要满足 2m 就在巷道围岩上立刻设点，本书仅在泵房通道、吸水井中部及主排水泵房处各取一具有代表性的观测点，对支护效果加以描述。布点情况详见图 7-39 和图 7-40 的泵房吸水井立体交叉硐室群测站布置图、测点布置断面图。

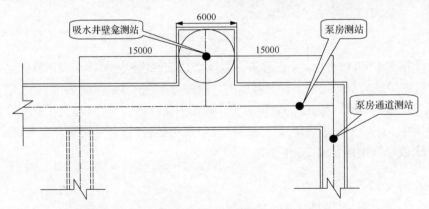

图 7-39　泵房吸水井立体交叉硐室群测站布置图(单位：mm)

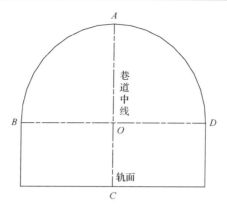

图 7-40　测点布置断面图

　　根据矿压观测结果，巷道围岩在锚杆所支护后，变形渐趋平缓，架设桁架后，底鼓立刻得到有效的控制，巷道围岩在与桁架完全接触，桁架后喷实后 10 天内，围岩变形渐趋平缓。具体见图 7-41～图 7-43 的现场矿压观测曲线图。

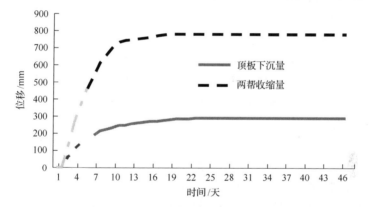

图 7-41　吸水井壁龛围岩位移曲线图

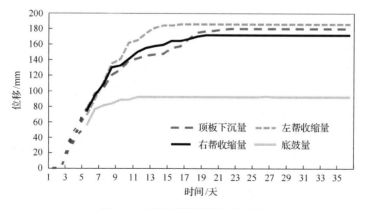

图 7-42　泵房通道围岩位移曲线

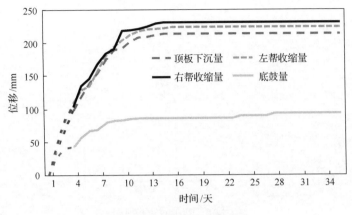

图 7-43　泵房围岩位移曲线

图 7-41～图 7-43 中虚线部分为推测值，现场施工过程中，由于各种原因，巷道打开后并不能及时得到监测。为了研究需要，本书根据矿压观测的趋势以及现场调研和其他观测数据的类比，对缺失值进行了反演。

吸水井壁龛只设立了顶部及两帮的观测点。巷道打开后，即喷浆封网，同时挂网，打锚杆锚索，6 天后架设桁架，11 天后架后用混凝土喷实。吸水井壁龛硐室架后预留空间为 400mm。

从图 7-41 可以看出，监测的 46 天内，吸水井壁龛硐室围岩的累计顶板下沉量为 291mm，累计两帮收缩量为 781mm。从而可以得出顶板围岩的平均下沉速率为 6.33mm/d，两帮收缩的平均速率为 16.98mm/d。

从吸水井硐室的矿压观测曲线可以看出，巷道打开后，初期变形速率比较快，顶板最大变形速率为 65mm/d，两帮最大收缩速率为 140mm/d。巷道打开 6 天后架设桁架，巷道打开 11 天后架后围岩变形，从图中可以看出渐趋平缓，这时进行喷浆使得巷道围岩与桁架完全接触。架后喷浆后 7～10 天，顶板和两帮也逐步趋于稳定。

巷道打开后，即喷浆封网，同时挂网，打锚杆锚索，6 天后架设桁架，11 天后架后用混凝土喷实。泵房通道架后预留空间为 200mm。

从图 7-42 泵房通道围岩位移曲线可以看出，监测的 37 天内，泵房通道硐室围岩的累计顶板下沉量为 180mm，累计两帮收缩量为 358mm，累计底鼓量为 92mm。从而可以得出顶板围岩的平均下沉速率为 4.86mm/d，两帮收缩的平均速率为 9.68mm/d，底鼓平均速率为 2.50mm/d。从图中可以看出左帮(即靠近泵房通道交叉点一侧，文中以巷道掘进方向为参照区分左右帮)，变形比右帮(远离泵房通道交叉点一侧)的变形要大，且受工程采动的影响比较大。

从泵房通道硐室的矿压观测曲线可以看出，巷道打开后，初期变形速率比较快，巷道打开后 6 天架设桁架，底鼓很快得到控制，11 天后架后喷浆，巷道围岩在 21 天后趋于稳定，从矿压观测曲线可以看出，巷道打开 7 天后，在泵房的施工过程中，巷道围岩的变形受到了工程采动的影响。

从图 7-43 泵房围岩位移曲线可以看出，监测的 37 天内，泵房硐室围岩的累计顶板下沉量为 214mm，累计两帮收缩量为 455mm，其中左帮 231mm，右帮 224mm，累计底鼓量为 93mm。从而可以得出顶板围岩的平均下沉速率为 5.78mm/d，两帮收缩的平均速率为 12.30mm/d，底鼓平均速率为 2.51mm/d。从图中可以左帮（即靠近泵房通道交叉点一侧），文中以巷道掘进方向为参照区分左右帮，变形比右帮（远离泵房通道交叉点一侧）的变形要大，且受工程采动的影响比较大。

2. 现场支护效果图

现场支护效果图如图 7-44～图 7-47 所示。

图 7-44　泵房与壁龛交叉点架设桁架

图 7-45　泵房与壁龛交叉点永久支护

图 7-46　泵房与泵房通道交叉点架设桁架

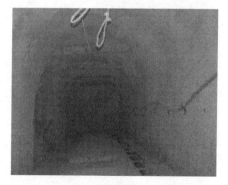

图 7-47　泵房吸水井立体交叉硐室群支护后

7.3　柳海矿运输大巷底鼓控制设计

本节将研究成果应用于运输大巷新开巷道工程中，根据深部软岩巷道非线性大变形力学理论及设计方法，进行锚网索-桁架耦合支护设计。通过现场表面位移观测和桁架受力监测，掌握了运输大巷新开巷道的矿压规律，验证了该支护形式，并取得了良好的支护效果。从而解决了该矿运输大巷底鼓的难题，保证了巷道的整体稳定。

7.3.1 运输大巷工程概况

运输大巷位于井底车场北部，现掘进方向 265°，按设计它将横贯整个首采区，长度达 2000 余米，穿过的层位从 I 号岔向里依次为煤$_2$顶板含油泥岩、煤$_2$、煤$_2$底板泥岩、砂砾岩、泥岩互层。现掘进迎头基本在煤$_2$底板泥岩、砂砾岩、泥岩互层中，而且按设计方向，预计以后巷道主要分布在煤$_2$顶底板中，该巷道可能会遇到 8 条断层，落差在 1.00～10.00m。煤$_2$底板砂砾岩下部含水，预计将会以渗水形式出现，泥岩遇水后会膨胀变松软。初期水量为 5m^3/h，稳定水量为 2m^3/h。底板积水加大了巷道的底鼓量。

运输大巷前段使用的是导铜锚网喷形式支护，结果巷道变形很大，成巷第一个月平均变形速率为两帮收缩 53mm/d，顶板下沉 21mm/d，底鼓 57mm/d。到返修时，巷道断面已有原设计断面缩至宽 2.1m，高 1.9m 的小断面。巷道变形图如图 7-48 所示。

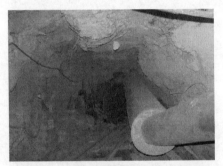

(a) 运输大巷 I#交叉点巷道严重破坏　　　　(b) 运输大巷巷道大变形

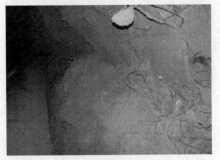

(c) 运输大巷不对称破坏　　　　　　　　(d) 运输大巷掘进迎头

图 7-48　运输大巷破坏情况

7.3.2　支护对策

1. 运输大巷变形力学机制确定

运输大巷巷道围岩含有大量的膨胀性矿物,且所含膨胀性矿物主要为蒙脱石,还有伊蒙混层、高岭石等矿物。含有蒙脱石和伊蒙混层矿物的泥质岩类的膨胀性颇为显著,这种膨胀性与蒙脱石的分子结构特征关系十分密切,因此也可将这种膨胀机制称为蒙脱石型膨胀机制(分子吸水膨胀机制),即 I_A。

通过围岩的微观结构分析,巷道围岩空隙颇为发育,由于大量孔隙和裂隙的存在及水的表面张力,产生了毛细压力,水通过软岩中的微小空隙通道吸入。据试验数据,卵石的毛细高度为零至几厘米,砂土则在数十厘米之间,而对黏土(相当于泥质软岩)则可达数百厘米,为巷道围岩的进一步化学膨胀和胶体膨胀准备了条件。因此,巷道围岩也存在着微裂隙膨胀机制,即 I_C。

由柳海矿井底车场埋深 H 约 500m 可推知,覆围岩自重引起的自重应力为 12MPa$(\gamma$ 取 24kN/m$^3)$,集中应力水平最高可达到 24MPa。而围岩岩块强度平均为 8MPa,岩体强度为 1～2MPa。巷道的破坏表现出明显的与深度有关而与方向无关的特点。即在开挖浅部巷道时,按常规支护形式,巷道变形破坏不甚明显。随深度增加,巷道变形破坏变得严重,而破坏的方向性不甚明显。这些特征往往表现为重力机制起作用的扩容膨胀,简称为 II_B。

巷道开挖后,围岩应力发生了较大改变,切向应力在岩壁附近出现局部集中现象,越远则越接近于原岩应力状态。工程偏应力引起巷道围岩的变形破坏,工程开挖引起的偏应力局部集中也是该矿运输大巷变形破坏的原因之一。因此,运输大巷也存在着由工程偏应力引起的变形力学机制,即 II_D。由于该矿地质构造比较复杂,存在着构造应力,在其作用下,加剧了运输大巷的破坏程度,因而,也存在着构造应力机制,即 II_A。

根据现场工程地质调查,运输大巷遇到 3 个正断层,断层与该巷走向成 60°～90° 夹角,这就是说运输大巷存在断层型力学机制,即 III_{AC};同时运输大巷巷围岩裂隙节理比较发育,围岩较为破碎,存在变形力学机制,即 III_E。

综合分析,运输大巷的变形力学机制为多种单一的力学机制的复合,即 I_{AC} $II_{ABD}III_{AC}III_E$ 复合型变形力学机制。

2. 运输大巷变形力学机制转化技术

由于各软岩内在变形力学机制不同,其转化的对策有所不同,对应的转化技术也不同。运输大巷成功支护的技术关键是如何通过各种支护技术有效地把复合型变形力学机制转化为单一型力学机制。

　　由上面分析可知，运输大巷复合型变形力学机制为 $I_{AC}II_{ABD}III_{AC}III_E$，经研究分析，采取的转化技术分别如下。

　　I_{AC} 型：巷道掘进，预留变形层技术；

　　II_{ABD} 型：锚索关键部位耦合技术和柔层立体桁架支护技术；

　　$III_{AC}III_E$ 型：锚杆三维优化技术。

　　运输大巷的复合型变形力学机制向单一型转化过程（图 7-49）中，第一步转化：按照设计的毛断面进行掘进巷道，在柔层桁架外预留变形空间，以便释放大量的变形能，转化掉 I_{AC}。第二步转化：采取锚网耦合支护技术，并将锚杆进行合理布置。紧跟迎头，在关键部位进行打锚索，预紧力为 10t，使锚网索耦合，共同提高围岩强度，转化掉 $II_A III_{AC} III_E$。第三步转化：架设柔层立体桁架，并做好桁架间的拉杆连接。围岩与桁架接触时，桁架变形协调，通过桁架间的拉杆将力进行系列转化，桁架受力均匀化，桁架发挥整体支护作用，最终转化成单一的 II_B。

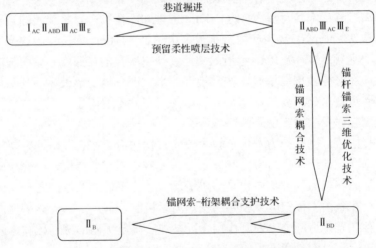

图 7-49　运输大巷复合型变形力学机制转化流程图

7.3.3　支护参数设计

　　根据柳海矿运输大巷复杂的地质条件和难支护、难维护的特点，在第 2～6 章研究成果的基础上，对运输大巷采取锚网索-桁架耦合支护技术对巷道全断面进行支护，在充分释放围岩变形能的同时，通过耦合设计，支护体与围岩在强度、刚度和结构上耦合，从而从根本上对巷道底鼓控制，使巷道永久稳定。

　　1. 柔层桁架设计

　　运输大巷断面为直墙半圆拱，断面净宽 4000mm，净高 3370mm（到地坪），其中，直墙高为 1770mm，半圆拱半径为 2000mm。根据柔层桁架的力学原理进行柔层桁架设计，柔层桁架的内外层均采用 11#矿用工字钢，内外单层桁架间通过短 11#矿用工字钢进行焊接连接成整体，根据围岩变形的情况，内外桁架间的间距为 180mm。柔层桁架间距取 1000mm。

底拱设计：根据式（6-13）可以确定拱高为 $H=q\,a'=0.125\times4000=500$mm。根据拱高和桁架的净宽进行底拱设计，底拱采用双层桁架，内外桁架间距为 180mm，底拱两端通过平衡削力接口联结件（A 和 B）和上部桁架直墙采用螺栓连接。

桁架分四段，每段桁架间通过夹板连接件连接，底拱部与直墙间通过平衡削力接口连接。柔层桁架加工图如图 7-50 所示。

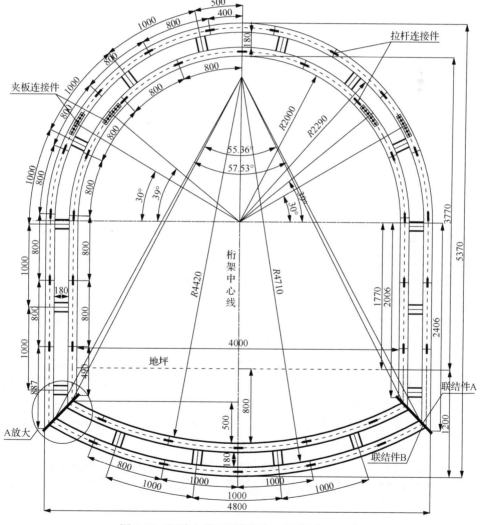

图 7-50 运输大巷柔层桁架加工图（单位：mm）

在内外桁工字钢的侧面按照 800mm 的间隔焊接拉杆连接件,桁架正反两面的焊接位置相同。在拱部和直墙,相邻桁架间通过 9#角钢拉杆进行三角连接;在底拱,采用直杆连接,使桁架在纵向上成为一个整体。

1)柔层桁架的预留间隙尺寸

为保证在充分释放高应力变形能的同时又不损坏围岩自身的支撑能力,根据式(6-10)计算预留间隙尺寸为

$$C_p=K_p a=0.0833\times4800\approx400\,(mm)$$

由于运输大巷为新开巷道,巷道变形量很大,现场实际取 K_p 为 0.083。因此柔层桁架架后预留空间尺寸取 400mm。

2)巷道掘进毛断面尺寸

根据式(6-11)和式(6-12),可以确定巷道掘进毛断面尺寸为

巷道毛断面的宽度为

$$a_e=a+2C_p=4800+2\times400=5600\,(mm)$$

巷道毛断面的高度为

$$b_e=b+C_p=5570+400=5970\,(mm)$$

2. 耦合支护参数

根据理论研究和数值模拟分析,运输大巷耦合支护参数如下。

(1)锚杆:采用 ϕ20 螺纹钢,长度为 2200mm。锚杆间排距为 800mm×800mm,三花布置,底角锚杆倾角为 45°,锚固形式为端头加长锚固,每根锚杆采用两根 K2540 树脂药卷。

(2)锚索:锚索为 ϕ18 钢绞线,设计长度为 8m,采用"2-3-2"布置,间排为 1600mm×2000mm。每根锚索采用内部 1 根 CK2540,外部 3 根 K2540 树脂药卷端头锚固。锚索紧跟迎头安装预紧力为 10t。

(3)托盘:锚杆托盘采用木托盘和铁托盘组成的复合托盘,其中木托盘规格为 200mm×200mm×50mm,外部铁托盘规格为 120mm×120mm×10mm;锚索托盘规格为 200mm×200mm×10mm 的铁托盘。

(4)金属网:网为直径为 6.5mm 的焊接钢筋网,网片尺寸为 700mm×1000mm,网格尺寸为 100mm×100mm,网片间搭接长度为 100mm,进行逐扣连接。

(5)混凝土:喷射混凝土强度等级 C20,初喷厚度为 60mm,等围岩接触桁架时复喷混凝土填实柔层桁架后间隙。根据监测结果,至围岩变形稳定,复喷至覆盖柔层桁架。

(6)底拱:架设桁架后,采用浇注混凝土,厚度为覆盖桁架 200mm,浇筑混

凝土强度等级 C20。

(7)柔层桁架：材料为 11#矿用工字钢，支架间距 1000mm。每架支架共分 4
段，顶拱部支架之间通过夹板连接件用 M20×70mm 螺栓连接，连接件材料为 A3
角钢，厚度为 20mm，墙部支架与底拱部支架之间利用平衡消力接口连接板及
M20×70mm 螺栓连接。平衡消力接口连接板材料为 A3 钢，厚度为 10mm，按设
计图纸所示位置焊接，全部连续焊缝，焊缝高度为 10mm。

(8)拉杆：桁架两侧面焊接 A3 钢拉杆连接件，桁架间通过拉杆连接件采用 9#
角钢拉杆连接，拉杆连接件焊接位置间距 800mm。其中，顶拱及两帮支架为三角
状连接，底部支架为直杆连接，采用 M18×70mm 螺栓连接。

支护参数如图 7-51 和图 7-52 所示。

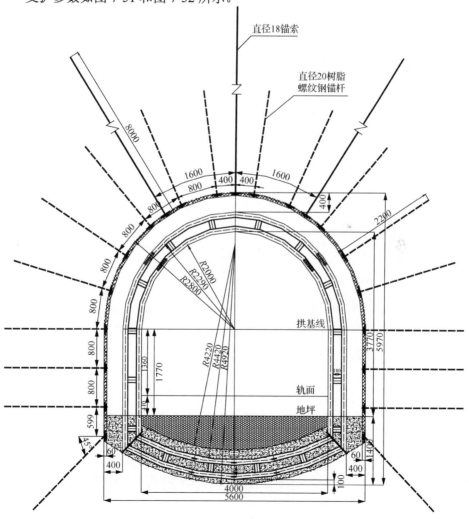

图 7-51　运输大巷（Ⅰ-Ⅰ'）断面支护图（单位：mm）

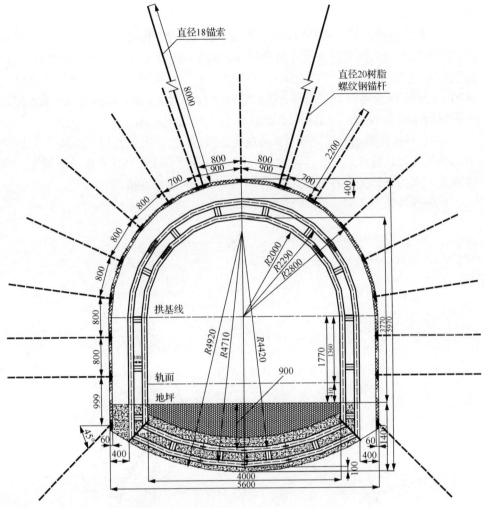

图 7-52　运输大巷（Ⅱ-Ⅱ′）断面支护图（单位：mm）

7.3.4　监测设计及结果分析

1. 监测设计

为了及时掌握巷道表面位移变化规律和桁架应力状态，对运输大巷进行长期地矿压监测，监测的内容包括巷道表面位移监测和桁架工作阻力监测。

（1）巷道表面位移监测：根据矿压观测数据，掌握围岩在新型支护条件下的运动规律，确定桁架复喷混凝土的时间和验证该支护方案的合理性。

（2）桁架工作阻力监测：在桁架顶部、两肩和两帮安装压力盒，根据压力盒的数据，来分析桁架的工作阻力变化规律。

在运输大巷新开巷道段设 3 个测站,其中 1#和 2#测站用于巷道表面位移监测,3#测站用于柔层桁架工作阻力监测。测站布置如图 7-53 所示。

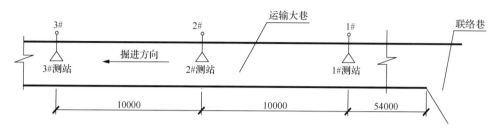

图 7-53　运输大巷测站布置图(单位:mm)

巷道表面位移监测采用十字布点法,分别在顶板的 *A* 点、两帮的 *B* 点和 *D* 点、底板的 *C* 点设置观测点在现场监测时,量取 *AO*、*CO*、*BO* 和 *DO* 的距离,记入表面位移相应的表格中。桁架工作阻力监测:压力盒分别安装在桁架顶板、两肩和两帮(图 7-54)。

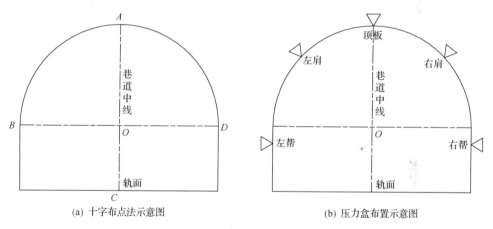

(a) 十字布点法示意图　　　　　　　(b) 压力盒布置示意图

图 7-54　运输大巷测点布置图

2. 监测结果分析

巷道表面位移观测内容包括顶底板相对移近、两帮相对移近、顶板下沉及底鼓等。根据测量结果,可以分析巷道周边相对位移变化速度、变化量以及它们与工作面位置的关系、与掘巷时间的关系,得到巷道围岩的最终位移,从而判断支护效果和围岩的稳定状况,为完善支护参数提供依据。

1)巷道表面位移

在运输大巷新开巷道段设了 2 个矿压观测站,对巷道围岩的变形进行长期的连续的矿压监测。测站直接设在巷道围岩,监测围岩从裸巷→锚网喷索耦合支护→架设桁架的整个过程。3#测站设在柔层桁架上，监测桁架的变形。现将其围岩和桁架变形规律分析如下：

对于1#测站，从矿压观测曲线可以看出围岩变化分三个阶段：第一阶段，裸巷和锚网索喷支护巷道两帮和底板变形加速阶段；第二阶段，打底角锚杆和架设柔层桁架后，围岩变形减缓阶段；第三阶段，围岩与桁架接触，桁架受力变形协调，将力向相邻桁架传递，桁架共同承载状态，围岩变形趋于围岩稳定阶段。从图 7-55 可以看出前 12 天是围岩变形加速阶段；12 天时，架设柔层桁架；12～15天围岩与柔层桁架接触，喷浆注实架后空隙，围岩变形趋于稳定阶段。

从裸巷到围岩稳定整个过程围岩变形量很大，其中两帮最大移近量为812mm（围岩与柔层桁架接触前两帮移近量为 796mm，围岩与桁架接触后移近量设为 16mm），平均变形速率为 16.9mm/d；顶板下沉量为 409mm（架设桁架前顶板下沉量为 391mm，架设桁架后下沉量为 18mm），平均下沉速率为 8.52mm/d；底鼓量最大为 508mm（架设桁架后底鼓量仅为 4mm），平均底鼓量为 10.58mm/d。

从图 7-55 可以看出，采用锚网索+柔层桁架耦合支护技术，巷道底鼓控制效果良好，一次性控制巷道整体稳定。

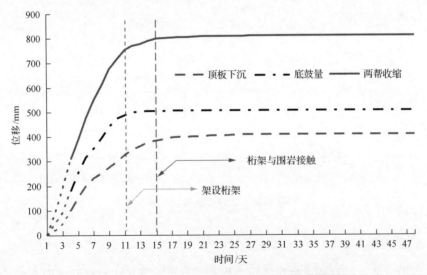

图 7-55　运输大巷 1#测站表面位移-时间关系曲线

从图 7-56 可以看出，在距迎头 15m 左右时，两帮收缩量为 769mm，架设桁架比较合适；在距迎头 18～20m 时围岩与桁架接触；在距迎头 38m 左右时，围岩趋于稳定。

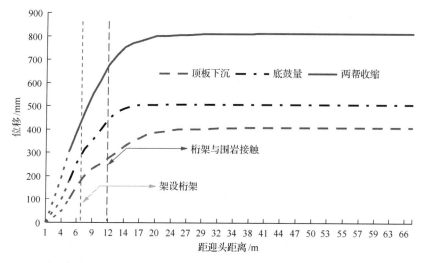

图 7-56 运输大巷 1#测站表面位移-距迎头距离关系曲线

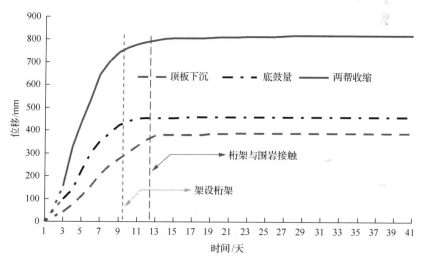

图 7-57 运输大巷 2#测站表面位移-时间关系曲线

对于 2#测站，从曲线上明显看出围岩变化的三个阶段。在架设桁架前，围岩变形很大。围岩与桁架接触时，围岩变形趋于稳定。在整个观测期间，两帮收缩量为 818mm，平均变形速率为 19.95mm/d；顶板下沉 389mm，平均下沉速率为 9.71mm/d；底鼓量为 460mm；平均底鼓量为 11.22mm/d。围岩与桁架接触时，围岩变形趋于稳定。

综上所述，采用锚网索＋柔层桁架耦合支护技术对运输大巷新开巷道进行控制底鼓，通过长期的矿压观测，掌握了巷道围岩的变化规律：从裸巷到围岩稳定整个过程中，围岩变形经历三个不同的阶段。在 1～14m，道围岩变形剧烈阶段；

14～16m 时，架设桁架后，围岩变缓阶段；18～20m 时，围岩与柔层桁架接触时，围岩变形趋于稳定。在这个过程中，围岩变形量很大，从曲线上可以看出在柔层桁架外预留 400mm 的变形空间是合理的，充分释放变形能，等围岩与柔层桁架接触时，架后喷实使桁架均匀受力，桁架协调变形，发挥整体作用，控制围岩大变形。从监测曲线来看，锚网索-桁架耦合支护技术支护效果良好。从根本上控制了底鼓，同时保证了巷道全断面的稳定。

2) 柔层桁架工作阻力

为了较好地反映桁架的工作状态和支护阻力情况，在柔层桁架的顶部、左肩、右肩、左帮和右帮上分别别安装压力盒，如图 7-54(b) 所示。

通过对监测数据分析，得出柔层桁架受力变化规律。各个位置上的应力变化规律是一致的，应力从小到大，然后从大到小，最后趋于均匀化。这充分体现了柔层桁架的力学原理：通过力学杆件，把柔层桁架的抗弯、抗扭的部位通过结构设计转化为抗拉、抗压或抗剪的性能；通过二力杆件将力转移到相邻桁架，然后依次传递，因而从高应力到低应力转移最后应力趋于均匀。

在整个观测期间，桁架受到较大的围岩应力。顶板最大的工作阻力为 214kN(压力盒读数为 33MPa)，通过杆件将力传递，最终柔层桁架的工作阻力变为 116kN 而稳定；左肩的最大工作阻力达到 207kN，通过力的转移最终以 95kN 的工作阻力而稳定(图 7-58)。

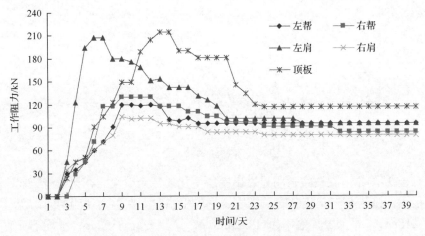

图 7-58　运输大巷桁架工作阻力-时间关系曲线

3) 现场支护效果

从长期的矿压监测曲线来看，采用锚网索-桁架耦合支护技术，从根本上控制了巷道底鼓，同时控制围岩的整体变形和破坏，保证了巷道长期稳定。据矿压变化规律，到围岩变形稳定时，复喷混凝土覆盖桁架，达到永久支护。支护效果如

图 7-59 所示。

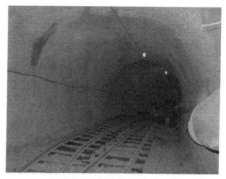

(a) 运输大巷柔层桁架支护　　　　　　　　(b) 运输大巷柔层桁架永久支护

图 7-59　运输大巷支护效果图

　　柳海矿深部软岩巷道所处的特殊地质条件和复杂地质构造，使前期的巷道支护形式屡次遭到彻底破坏，巷道底鼓严重，现有的支护技术不能控制底鼓和围岩的大变形。从巷道围岩变形规律可以看出，围岩变形量很大，底鼓严重。为能有效地控制底鼓，保证巷道的稳定性，不必作卧底等维修、维护工作，在运输大巷新开巷道采用锚网索-桁架耦合支护技术，优化了支护参数和施工工序，巷道达到一次性成巷并保持长期稳定。为柳海矿的早日投产打下了坚实的基础，同时节约了大量的支护成本。

参 考 文 献

蔡美峰, 王金安, 王双红. 2001. 玲珑金矿深部开采岩体能量分析与岩爆综合预测[J]. 岩石力学与工程学报, 20(1): 38-42.

蔡美峰, 吴文德, 赵国堂. 1994. 数值方法与人工智能在岩土工程中的应用[M]. 徐州: 中国矿业大学出版社.

曹伍富. 2004. 深部软岩巷道围岩控制关键技术研究[D]. 北京: 中国矿业大学(北京).

陈忠辉, 唐春安, 傅宇方. 1998. 岩石微破裂损伤演化诱致突变的数值模拟[J]. 岩土工程学报, 20(6): 16-197.

陈宗基. 1963. 对中国土力学、岩体力学中若干重要问题的看法[J]. 土木工程学报, 9(5): 24-30.

陈宗基. 1982. 地下巷道长期稳定性的力学问题[J]. 岩石力学与工程学报, (1): 1-20.

董方庭. 1997. 巷道围岩松动圈支护理论[J]. 锚杆支护, (1): 21-32.

董方庭. 2001. 巷道围岩松动圈支护理论及其应用技术[M]. 北京: 煤炭工业出版社.

杜计平, 张先尘, 贾维勇, 等. 2000. 煤矿深井采场矿压显现及其控制特点[J]. 中国矿业大学学报, 29(1): 82-84.

段克信. 1995. 用巷帮松裂爆破卸压维护软岩巷道[J]. 煤炭学报, 20(3): 311-316.

范秋雁, 朱维申. 1997. 软岩最优支护计算方法[J]. 岩土工程学报, 19(2): 77-83.

方祖烈. 1999. 拉压域特征及主次承载区的维护理论.世纪之交软岩工程技术现状与展望[M]. 北京: 煤炭工业出版社.

冯豫. 1990. 我国软岩巷道支护的研究[J]. 矿山压力与顶板管理, (2): 42-44, 67-72.

付国彬. 1995. 巷道围岩破裂范围与位移的新研究[J]. 煤炭学报, 20(3): 304-310.

高德利, 张玉卓, 王家祥. 2000. 中国科协第46次青年科学家论坛:地下钻掘采工程不稳定理论控制技术[M]. 北京: 中国科学技术出版社.

高磊. 1987. 矿山岩石力学[M]. 北京: 机械工业出版社.

顾金才, 沈俊, 陈安敏, 等. 2000. 锚索预应力在岩体内引起的应变状态模型试验研究[J]. 岩石力学与工程学报, (S1): 917-921.

郭志飚, 李乾, 王炯. 2009. 深部软岩巷道锚网索-桁架耦合支护技术及其工程应用[J]. 岩石力学与工程学报, 28(S2): 3914-3919.

韩瑞庚. 1987. 地下工程新奥法[M]. 北京: 科学出版社.

何满潮. 1993. 软岩巷道稳定性分析新理论[C]//第二届公路隧道学术会议论文集, 北京.

何满潮. 1996. 软岩工程力学的理论与实践. 中国煤矿软岩巷道支护理论与实践[M]. 北京: 中国矿业大学出版社.

何满潮. 1998. 岩土工程设计的新阶段——非线性大变形力学设计[J]. 岩土工程界, (9): 26-29.

何满潮. 1999. 软岩工程技术现状与展望. 世纪之交软岩工程技术现状与展望[M]. 北京: 煤炭工业出版社.

何满潮. 2000. 调动深部围岩强度——21世纪软岩巷道支护新方向[C]//岩石力学与工程学会第六次学术大会论文集《新世纪岩石力学与工程的开拓和发展》. 北京: 科学出版社: 55-58.

何满潮. 2004. 深部开采工程岩石力学的现状及其展望[C]//第八次全国岩石力学与工程学术大会论文集. 北京: 科学出版社: 88-94.

何满潮. 2014. 工程地质力学的挑战与未来[J]. 工程地质学报, (4): 543-556.

何满潮, 高尔新. 1997. 软岩巷道耦合支护力学——21世纪学科生长点[J]. 煤炭学报, (22): 1-4.

何满潮, 高尔新. 1998. 软岩巷道耦合支护力学原理及其应用[J]. 水文地质工程地质, (2): 1-4.

何满潮, 江玉生. 1996. 软岩工程力学独特问题[C]//第四届全国岩石力学与工程学术讨论会论文. 北京: 中国科技出版社.

何满潮, 李春华. 2002. 锚索关键部位二次支护技术研究及其应用[J]. 建井技术, 23(1): 21-24.

何满潮, 钱七虎. 2010. 深部岩体力学基础[M]. 北京: 科学出版社.

何满潮, 苏永华. 2000. 岩土工程安全信任度的新概念及其应用[J]. 工程地质学报, 8(增刊): 471-474.

何满潮, 孙晓明. 2004. 软岩巷道支护设计与施工指南[M]. 北京: 科学出版社.

何满潮, 邹正盛, 邹友峰. 1993. 软岩巷道工程概论[M]. 徐州: 中国矿业大学出版社.

何满潮, 景海河, 孙晓明. 2000. 软岩工程地质力学研究进展[J]. 工程地质学报, 2(1): 46-62.

何满潮, 景海河, 孙晓明. 2002a. 软岩工程力学[M]. 北京: 科学出版社.

何满潮, 李春华, 王树仁. 2002b. 大断面软岩硐室开挖非线性力学特性数值模拟研究[J]. 岩土工程学报, 24(4): 483-485.

何满潮, 吕晓俭, 景海河. 2002c. 深部工程围岩特性及非线性动态力学设计理念[J]. 岩石力学与工程学报, 21(8): 1215-1224.

何满潮, 郭志飚, 任爱武, 等. 2005a. 柳海矿运输大巷返修工程深部软岩支护设计研究[J]. 岩土工程学报, 9: 977-980.

何满潮, 胡永光, 任爱武, 等. 2005b. 深部古近纪软岩巷道交岔点稳定性及其支护对策研究[J]. 建井技术, 26(Z1): 34-37.

何满潮, 谢和平, 彭苏萍, 等. 2006. 深部开采岩体力学及工程灾害控制研究——深部开采基础理论与工程实践[M]. 北京: 科学出版社.

侯朝炯. 2017. 深部巷道围岩控制的关键技术研究[J]. 中国矿业大学学报, 46(5): 970-978.

黄润秋, 王贤能. 1998. 深埋隧道工程主要灾害地质问题分析[J]. 水文地质工程地质, (4): 21-24.

黄润秋, 许强. 1993. 突变理论在工程地质中的应用[J]. 工程地质学报, 1(1): 65-738.

贾愚如, 范正绮. 1985. 岩石脆性断裂的研究[D]. 武汉: 武汉水利水电学院.

姜耀东, 赵毅鑫, 刘文岗, 等. 2004. 深部开采中巷道底臌问题的研究[J]. 岩石力学与工程学报, 23(7): 2396-2401.

景海河. 2002. 深部工程围岩特性及其变形破坏机制研究[D]. 北京: 中国矿业大学(北京).

卡曹罗夫. 1985. 岩石力学[M]. 聂孟蒥译. 北京: 煤炭工业出版社.

康红普, 范明建, 高富强, 等. 2015. 超千米深井巷道围岩变形特征与支护技术[J]. 岩石力学与工程学报, 34(11): 2227-2241.

科茨 D E. 1978. 岩石力学原理[M]. 雷化南等译. 北京: 冶金工业出版社.

蓝航, 陈东科, 毛德兵. 2016. 我国煤矿深部开采现状及灾害防治分析[J]. 煤炭科学技术, 44(1): 39-46.

李化敏, 胡劲松, 李效甫. 1994. 深井巷道矿压与支护问题探讨[J]. 焦作矿业学院学报, 13(3): 22-26.

李立功. 2014. 高应力大变形软岩巷道变形机理及控制对策研究[D]. 太原: 太原理工大学.

李宁, Swoboda G. 1997. 当前岩石力学数值方法的几点思考[J]. 岩石力学与工程学报, 16(5): 502-505.

李鹏, 郭奇峰, 苗胜军, 等. 2017. 浅部和深部工程区地应力场及断裂稳定性比较[J]. 哈尔滨工业大学学报, 49(9): 10-16.

李庶林, 桑玉发. 1997. 应力控制技术及其应用综述[J]. 岩土力学, 14(3): 5-14.

刘波, 韩彦辉. 2005. FLAC 原理、实例与应用指南[M]. 北京: 人民交通出版社.

刘泉声, 刘学伟, 黄兴, 等. 2013. 深井软岩破碎巷道底臌原因及处置技术研究[J]. 煤炭学报, 38(4): 566-571.

陆家梁. 1990. 软岩巷道支护原则及支护方法[J]. 软岩工程, (1): 20-24.

陆家梁. 1986. 松软岩层中永久硐室的联合支护方法[J]. 岩土工程学报, (5): 50-57.

罗清明, 李亮, 杨小礼. 2003. 软岩隧道的围岩变形计算[J]. 长江铁道大学学报, 21(2): 14-18.

马春德. 2010. 深部复合型破坏高应力软岩巷道支护技术研究[D]. 长沙: 中南大学.

孟庆彬, 乔卫国, 林登阁, 等. 2010. 深部高应力膨胀性软岩泵房支护技术[J]. 金属矿山, (8): 11-14.

孟庆彬, 韩立军, 张帆舸, 等. 2017. 深部高应力软岩巷道耦合支护效应研究及应用[J]. 岩土力学, (5): 1424-1435.

潘一山. 2003. 我国冲击地压分布类型机理及防治研究[J]. 岩石力学与工程学报, 22(11): 1844-1851.

潘岳. 1994. 巷道 "封闭式" 冲击的尖点突变模型[J]. 岩土力学, 15(1): 34-41.

钱七虎. 2004. 深部岩体工程响应的特征科学现象及 "深部" 的界定[J]. 华东理工学院学报, 27(3): 1-4.

孙广忠. 1989. 围岩弱化原理及其分析[J]. 地质科学, (4): 385-392.

孙晓明. 2002. 煤矿软岩巷道耦合支护理论研究及其设计系统开发[D]. 北京: 中国矿业大学(北京).

孙晓明, 何满潮. 2005. 深部开采软岩巷道耦合支护数值模拟研究[J]. 中国矿业大学学报, 34(2): 167-170.

唐宝庆, 曹平. 2001. 预测预防岩爆的探讨[J]. 山东科技大学学报, 20(1): 71-73.

唐春安, 徐小荷. 1989. 失稳条件下岩石的应力-应变全过程曲线——岩石力学在工程中的应用[M]. 北京: 知识出版社.

王炯, 郝育喜, 郭志飚, 等. 2015. 亭南煤矿东翼轨道大巷底鼓力学机制及控制技术[J]. 采矿与安全工程学报, 32(2): 291-297.

王志方. 1997. 红透山矿深部采矿方法研究[J]. 金属矿山, (12): 20-22.

吴爱祥, 郭立, 张卫锋. 2001. 深井开采岩体破坏机理及工程控制方法综述[J]. 矿业研究与开发, 21(1): 4-7.

谢和平. 2002. 深部高应力下的资源开采—现状、基础科学问题与展望[C]//香山科学会议.科学前沿与未来(第六集). 北京: 中国环境科学出版社: 179-191.

谢和平. 2006. 深部开采诱发的工程灾害与基础科学问题. 深部开采基础理论与工程实践[M]. 北京: 科学出版社.

谢和平. 2017. "深部岩体力学与开采理论" 研究构想与预期成果展望[J]. 工程科学与技术, 49(2): 1-16.

谢和平, 高峰, 鞠杨, 等. 2015. 深部开采的定量界定与分析[J]. 煤炭学报, (1): 1-10.

解世俊, 孙凯年, 郑永学, 等. 1998. 金属矿床深部开采的几个技术问题[J]. 金属矿山, (6): 3-6.

杨晓杰, 娄浩朋, 崔楠, 等. 2015. 软岩巷道大变形机理及支护研究[J]. 煤炭科学技术, 43(9): 1-6.

伊麦尼柯夫 B P. 1982. 金属矿床地下开采工作过程[M]. 杨守廉译. 北京: 冶金工业出版社.

于学馥. 1993. 岩石记忆与开挖理论[M]. 北京: 冶金工业出版社.

于学馥, 乔端. 1981. 轴变论和围岩稳定轴比三规律[J]. 有色金属, 33(3): 8-15.

于学馥, 于加, 徐骏. 1995. 岩石力学新概念与开挖结构优化设计[M]. 北京: 科学出版社.

余伟健, 王卫军, 黄文忠, 等. 2014. 高应力软岩巷道变形与破坏机制及返修控制技术[J]. 煤炭学报, (4): 614-623.

翟新献, 李化敏. 1995. 深井软岩巷道围岩变形特性的研究[J]. 煤, 4(5): 24-26.

张天军, 高战敏, 蔡嗣经, 等. 2000. 21 世纪的超深采矿[J]. 国外金属矿山, (6): 25-31.

张玉卓. 1998. 煤炭资源开发与矿区环境建设, 资源环境科学与可持续发展技术[C]//中国科协第三届青年学术年会论文集. 北京: 科学技术出版社.

郑颖人. 1988. 地下工程锚喷支护设计指南[M]. 北京: 中国铁道出版社.

郑雨天. 1985. 关于软岩巷道地压与支护的基本观点[C]//软岩巷道掘进与支护论文集. 北京: 煤炭工业出版社.

朱维申, 何满潮. 1996. 复杂条件下围岩稳定性与岩体动态施工力学[M]. 北京: 科学出版社.

Barton N, Grimstad E. 1994. Rock mass conditions dictate choice between NMT and NATM[J]. Tunnels and Tunnelling, 26(3): 39-42.

Brown E T. 1990. Putting the NATM into Perspective[J]. Tunnels and Tunneling International, 13(10): 13-17.

Butcher R J. 1999. Design rules for avoiding draw horizon damage in deep level block caves[J]. The Journal of The South African Institute of Mining and Matallurgy, 99(3): 151-155.

Cichowicz A, Miller A M, Durrheim R J. 2000. Rock mass behavior under seismic loading in a deep mine environment implications for slope support[M]. March/April: 245-249.

Diering D H. 2000. Mining at ultra depths in the 21st century[J]. CIM Bulletin, 93(1036): 141-145.

Diering D H. 1997. Ultra-Deep level mining-future requirements[J]. Journal of The South African Institute of Mining and Metallurgy, 97(6): 249-255.

Diering D H. 2000. Tunnels under pressure in an ultra-deep wifwatersrand gold mine[J]. The Journal of The South African Institute of Mining and Matallurgy, 100(6): 319-324.

Diering J A C, Laubscher D H .1986. Practical approach to the numerical stress of mass mining operations[J]. Mining Latin America Minería Latinoamericana, 30(5): 87-97.

Egger P. 2000. Design and construction aspects of deep tunnels(with particular emphasis on strain softening rock)[J]. Tunnelling and Underground Space Technology, 15(4): 403-408.

Franzén T. 1992. Shotcrete for underground support-A state of the art report with focus on steel fibre reinforcement[J]. Rock Support in Mining and Under-ground Construction, 7(4): 383-391.

Guo Z B, Wang J, Zhang Y L. 2015. Failure mechanism and supporting measures for large deformation of Tertiary deep soft rock[J]. International Journal of Mining Science and Technology, 25(1): 121-126.

He M C. 1996. New theory in tunnel stability control of softrock-mechanics of soft Rock Engineering[J]. International Journal of Coal Science and Technology, 4(1): 39-44.

Johnson R A, Schweitzer. 1996. Mining at ultra-depth, evaluation of alternatives, Proc. 2nd North Am. Roch Mech. Symp[J]. NARMS'96, Montreal, 6(3): 359-366.

Kaiser P K, Morgenstern N R. 1981. Phenomenological model for rock with time-dependent strength[J]. International Journal of Rock Mechanice and Mining Sciences and Geomechanics Abstracts, 18(2): 153-165.

Karanagh K, Clough R W. 1971. Finite element application in the characterization of elastic solids[J]. International Journal of Solids and Structures, 7(1): 11-13.

Koichi A, Yuzo O. 1983. Strength and deformation characteristics of soft sedimentary rock under repeated and creep loading[J]. International Journal of Rock Mechanics and Mining Sciences and Geomechanics Abstracts, 21(3): A121-A124.

Konduri I M. 1996. Flow characteristics of jet fans in mines experimental and numerical modeling[J]. Eighth International Conference on Electrical Machines and Systems, 15(6): 21-24.

Liao J S. 1988. Stability of near-surface excavations in weak rock and soil[J]. International Society for Rock Mechanics and Rock Engineering, 21(3): A121-A124.

Malan D F, Basson F R P. 1998. Ultra-deep mining: The increased potential for squeezing conditions[J]. The Journal of The South African Institute of Mining and Matallurgy, November/December, 98(7): 353-362.

Malan D F, Spottiswoode S M. 1997. Time-dependent fracture zone behavior and seismicity surrounding deep level stoping operations. In: Gibowicz and Lasocki eds, Rockburst and seismicity in mines, Rotterdam[J]. Balkema, 35(3): 173-177.

Pellet F, Sahli M, Boidy E, et al. 2000. Modeling of time-dependent behavior of sandstones for deep underground openings[C]. Proceedings of International Symposium of Civil Engineering In The 21 Century, Beijing, China: 431-438.

Schweitzer J K, Johnson R A. 1997. Geotechnical classification of deep and ultra-deep wifwatersrand mining areas, South Africa[J]. Mineralium Deposita, 32(4): 335-348.

Vogel M, Andrast H P. 2000. Alp transit-safety in construction as a challenge, health and safety aspects in very deep tunnel construction[J]. Tunneling And Under Ground Space Technology, 15(4): 481-484.

Wang C, Wang Y, Lu S. 2000. Deformational behaviour of roadways in soft rock in underground coal mines and principles for stability control[J]. International Journal of Rock Mechanics and Mining Sciences, 37(3): 937-946.

Wang J A, Park H D. 2001. Comprehensive prediction of rockburst based on analysis of strain energy in rocks[J]. Tunnelling and Underground Space Technology, 16(1): 49-57.

Wang J, Guo Z B, Yan Y B, et al. 2012. Floor heave in the west wing track haulage roadway of the Tingnan Coal Mine: Mechanism and control[J]. International Journal of Mining Science and Technology, 22: 295-299.

Yang J, Wang D, Shi H Y, et al. 2015. Deformation failure and countermeasures of deep tertiary extremely soft rock roadway in Liuhai coal mine[J]. International Journal of Mining Science and Technology, 25(2): 231-236.